Franz Reinecke

Über die Knospenlage der Laubblätter

Franz Reinecke

Über die Knospenlage der Laubblätter

ISBN/EAN: 9783744709491

Hergestellt in Europa, USA, Kanada, Australien, Japan

Cover: Foto ©berggeist007 / pixelio.de

Weitere Bücher finden Sie auf **www.hansebooks.com**

Über die Knospenlage der Laubblätter bei den Compositen, Campanulaceen u. Lobeliaceen.

Inaugural-Dissertation

zur

Erlangung der Doktorwürde

der hohen

naturwissenschaftlich - mathematischen Fakultät

der

Ruperto - Carolinischen Universität

zu Heidelberg,

vorgelegt von

Franz Reinecke

aus Rastz.

Mit einer Tafel.

Breslau.
Druck von Carl Dülfer.
1893.

Seiner

Schwester Käthe

in dankbarer Liebe

gewidmet

vom

Verfasser.

1. Einleitung.

a. Über die Knospenlage der Blattgebilde überhaupt.

Die Knospenlage der Blütenorgane ist schon seit langer
Zeit Gegenstand eingehendster Untersuchungen gewesen und
für die Charakterisierung vieler Pflanzenfamilien und -Gruppen
ein wertvolles systematisches Unterscheidungsmerkmal geworden.
Dies gilt sowohl für die Kelch- und Blumenkronteile, als auch
in einzelnen Fällen für die Staubblätter. — Ich erinnere nur
an die Eichlerschen „Blütendiagramme".

Auch die Knospenlage der Laubblättter hat in botanischen
Werken älterer und neuerer Zeit schon Beachtung gefunden
und auch ihre systematische Bedeutung wurde bereits mehrfach in Betracht gezogen, wie aus den im litterarischen Teil
dieser Arbeit zusammengestellten Abhandlungen hervorgeht. —
Besonders aber in neuerer Zeit hat man begonnen, auch ihr
grösseres Interesse zuzuwenden, da die stets wachsende Kenntnis der morphologischen Eigentümlichkeiten im Pflanzenreiche,
die sich mehrende Anzahl seiner Vertreter und die Notwendig-
keit ihrer Gruppierung und Unterscheidung das Bedürfnis nach
neuen, charakteristischen Eigentümlichkeiten stets mehr geltend
macht.

Vielfach und zum Teil auch mit bestem Erfolg wurde bisher das Hauptgewicht bei systematischen Arbeiten auf die Blüte
gelegt; doch genügt eben deren vollkommenste Charakterisierung
nicht mehr zur möglichst scharfen Abgrenzung grösserer Gruppen.

Ich möchte mir gestatten, an dieser Stelle einige hierher
passende und die Verhältnisse am besten beleuchtende Worte
aus Pfitzers „Entwurf einer natürlichen Anordnung der Orchideen" zu citieren. — Seite 3 heisst es darin:

„Zunächst widerspricht es jedenfalls den Grundsätzen
des natürlichen Systems, lediglich die Blüte zu berück-
sichtigen — es sollten vielmehr alle Eigenschaften beachtet
und ihrem Werte nach abgestuft und dem entsprechend

1

mehr oder weniger in Betracht gezogen werden. Die ausschliessliche Verwertung der Blüte wird nur dann einigermassen gerechtfertigt erscheinen, wenn tiefgehende diagrammatische Differenzen vorhanden sind."

Mit Ausnahme der sehr eingehend untersuchten Palmen,[1] Orchideen[2] und Gramineen[3] ist die Übereinstimmung der Knospenlage der Laubblätter, ihre systematische Bedeutung und ihre Beziehung zu äusseren und morphologischen Verhältnissen noch keineswegs genügend ergründet worden. Dass irgend welche Beziehungen der so vielfach variierenden Knospenlage zu anderen morphologischen Verhältnissen oder zu gewissen Pflanzengruppen bestehen, ist wohl anzunehmen und hat auch eine gewisse Bestätigung bereits gefunden. Wie weit sich eine derartige Übereinstimmung und Verwandtschaft genau verfolgen lässt, soll diese Arbeit für eine grössere Abteilung der Phanerogamen darzuthun versuchen. — In der Hoffnung, dass sie wenigstens den Zweck erfüllen möge, zu ähnlichen vervollständigenden Untersuchungen Anregung zu geben, hat es sich Verfasser zur Aufgabe gemacht, vor der Behandlung des speziellen Teiles, eine möglichst vollständige Übersicht über alle bisherigen zu seiner Kenntnis gelangten Arbeiten zu geben, welche auf die Knospenlage der Laubblätter besondere Rücksicht genommen haben, um dadurch weiteren Beobachtungen eine gewisse Erleichterung zu gewähren.

Dieser Aufgabe glaubte Verfasser dadurch am besten gerecht werden zu können, dass er die grösste Familie der Phanerogamen, die über 10000 bekannte Arten umfassenden Compositen, zum Gegenstand seiner Untersuchungen machte.

b. Untersuchungsmethoden.

Dem speziellen Teil der Arbeit wurde hauptsächlich das System von Bentham und Hooker[4] und das neueste von O. Hoffmann[5] zu Grunde gelegt. Letzteres wurde durch das

[1] Vergl. De Candolle: Organographie végétale, pag. 304.
  Mohl: de palmarum structura, pag. XXIV.
  Hofmeister: Allgem. Morph., pag. 532.
  Schenk: Handbuch d. Bot. 5, I. pag. 221.
  Wendland: Palmenblätter.
  O. Drude: Natürl. Pfl.-Fam. II, 3.
[2] Pfitzer: Grundzüge einer vergleichenden Morphologie d. Orchideen.
[3] Vergl. Döll, Rhein. Flora.
[4] Bentham und Hooker, Genera plantarum II, 1 u. 2.
[5] O. Hoffmann. Die Compositen in den „Natürl. Pfl.-Fam." (Engler-Prantl) IV. 5.

liebenswürdige Entgegenkommen des Herrn Verfassers, dessen
Bearbeitung der Compositen erst zur grösseren Hälfte im Druck
erschienen ist, durch briefliche Vervollständigung in dankens-
werter Weise ermöglicht. Infolgedessen konnte in Einteilung
und Charakterisierung den neuesten Anschauungen Rechnung
getragen werden, was von um so grösserem Interesse ist, als
die systematische Frage eine nicht unbedeutende Rolle bei der
ganzen Arbeit spielt.

Zunächst vorgenommene Untersuchungen an Knospen verschiedenen Alters und Grades ergaben ziemlich übereinstimmende
Resultate, abgesehen von der natürlichen Verschiebung, welche
junge Achselsprosse durch den entgegengesetzten äusseren Druck
des Stengels und Stützblattes erleiden, und von der innigen
Aneinanderlagerung der noch von Niederblättern oder Knospendecken fest umschlossenen Knospenorgane.[1)]

Im Interesse der Beurteilung, wie stark die Deckung resp.
Krümmung ausgebildet und in welchem Masse Übereinstimmung
darin besteht, liegt es natürlich, dass nicht ein Schnitt dicht
über dem Vegetationspunkt und ein anderer kurz vor der Entfaltung zur Vergleichung verwendet wird.

Deshalb wurden die zur Beurteilung massgebenden Querschnitte in möglichst relativ gleicher Höhe über dem Vegetationspunkt gemacht, soweit nicht Serien aufeinanderfolgender Schnitte
erwünscht schienen und es von Interesse war, daran die Blattentwicklung, d. h. die fortschreitende Biegung oder Rollung
und die endliche Entfaltung mit in Betracht zu ziehen.

Einer genauen Befolgung dieses Princips stellt allerdings
die Verschiedenartigkeit der Knospen insofern einige Schwierigkeiten entgegen, als in denselben bald eine grosse Zahl von
Blattanlagen und jungen Blättern enthalten ist — wie es eine
schnelle Aufeinanderfolge in der Entwicklung bedingt — bald
— bei langsamer Entwicklung und besonders bei Pflanzen mit
grundständigen Blättern — nur sehr wenige Blätter vorhanden
sind, welche dann mit ihren Spreiten sich kaum berühren. In
diesem Falle kann man nur von einer Lage des einzelnen
Blattes (vernatio)[2)] sprechen.

Was die Knospenlage im allgemeinen betrifft, so ist Verfasser der Ansicht, dass die Deckung der Blätter und ihre Lage
zu einander überhaupt wohl systematischen Wert hat, nicht

[1)] Vergl. Henry, Knospenbilder. Nov. act. physic. medic. nat. curios.
T. XXII. 1, 2, pag. 186.
[2)] Vergl. Schleiden, Grundzüge II. T. pag. 205.

aber der Umstand, dass ein Blatt mit seinen Hälften über 1, 2 oder mehr jüngere Blätter hinwegreicht. Diese Unterscheidung würde auch bei den oben erwähnten Verschiedenheiten auf Schwierigkeiten stossen. Deshalb wird in der vorliegenden Arbeit die Deckung nur nebenher berücksichtigt und als „schwach" oder „stark" bezeichnet werden, wo ihre Erwähnung erwünscht erscheint. — Durch kurze „Kunstausdrücke" ist es nicht immer möglich, die einzelnen Knospenlagen genügend scharf zu kennzeichnen, obwohl andererseits im Interesse der Übersichtlichkeit ihre möglichst häufige und alleinige Anwendung geboten erschiene.

In einzelnen Fällen, wo infolge starker Behaarung oder allzu lockerer Knospenlage gute Rasirmesserschnitte nicht gelangen, oder wo die Beobachtung der allmählichen Entwicklung der Blätter und deren Lage erwünscht erschien, wurde von dem Mikrotom Gebrauch gemacht. Bei Einbettung der hierzu verwendeten Präparate erzeigte sich das von Koch[1]) erprobte Verfahren meist als geeignet.

Nachbehandlung der Mikrotomschnitte mit Kalilauge und alkoholischen Färblösungen war in den meisten Fällen vorteilhaft; denn einerseits konnten durch Kalilauge die auch bei langsamstem Überführen der einzubettenden Knospen in absoluten Alkohol und Chloroform, besonders an lockerem Material unvermeidlichen Schrumpfungen ziemlich wieder beseitigt werden, andererseits aber wurden die sich in Glyceringelatine oder Canadabalsam nur sehr schwach abhebenden Schnitte durch Färbung deutlich und leicht erkennbar. Das untersuchte Material wurde teils der hiesigen Flora, teils den botanischen Gärten von Heidelberg, Berlin, Jena und Breslau entnommen.

---

[1]) L. Koch: Über Einbettung, Einschluss und Färben pflanzlicher Objekte. Berlin 1892.

2. Litterarischer Teil.

Die ältesten Angaben über Knospen überhaupt fand ich bei **Marcellus Malpighius**,[1] der in seiner „Anatomia plantarum", soweit es die damaligen Beobachtungsmittel gestatteten, im Kapitel „de gemmis" auch über die Blätter in der Knospe spricht und einige Längsschnitte abbildet, deren Interesse aber lediglich ein historisches ist.

Von weit grösserem Interesse sind die Angaben von Carl v. Linné.[2] Dieselben nehmen in einem Kapitel „Über die Knospenverhältnisse überhaupt" einen bedeutenden Raum ein und beziehen sich zum grössten Teil auf systematische Verwendung. Der Vollständigkeit halber, so weit meine Zusammenstellungen überhaupt wagen dürfen Anspruch darauf zu erheben, sollen hier einige besonders interessante Beobachtungen des berühmten Verfassers wiedergegeben werden.

Über die Knospenlage überhaupt sagt Linné:

α. In aliis enim conduplicata sunt folia, dum ea Phillyrae instar connivent duabus lamellis.

β. In aliis involuta sunt vel ab utroque margine, vel ab uno margine versus alterum.

γ. In nonnullis etiam revoluta sunt ab utroque margine, seu subtus convoluta.[3]

δ. In aliis vero, tantum secundum venas sunt plicata ... etc.

Alsdann gruppiert er eine grössere Anzahl von Gattungen und Arten nach Stellung der Blätter und Lage deren Spreiten in der Knospe und gelangt dabei zu einigen hier wohl erwähnenswerten Unterscheidungen:[4]

---

[1] Marcellus Malpighius: Anatom. plantar. (1687.)
[2] Caroli Linnaei, Systematis plantarum. pars philosophica T. I. pag. 369—396. (1749.)
[3] Vergl. Figurenerklärung.
[4] Vergl. Linné, pag. 383 ff.

Lonicera Periclymenum german. } Knl.
      „   „   italic. } obvolutiv,
      „   ruthenica, Knl. imbricativ.
Salix pentandra, glabra arborea, latifolia rotunda, parva
    repens. Knl. imbricativ.
Salix viminalis: revolutiv.
Betula vulgaris, nana: imbric.
Alnus glutinosa: conduplic.
Quercus pedunculata: conduplic.
Carpinus Ostrya: conduplic.
Corylus avellana: conduplic.
Fagus Castanea,[1]) auctornum: imbric.
Spiraea hypericifolia, Theophrasti: imbric.
Sorbus aucuparia: conduplic.
Crataegus scandica, Oxyacantha; }
Prunus[2]) armeniaca, sativa   } imbric.
Mespilus germanica   }
Mespilus Cotoneaster: conduplic.
Pyrus Malus. Pyraster: involutiv.
Amygdalus sativa, persica   }
Cerasus vulgaris, Mahaleb   }
Padus deciduus, Laurocerasus } conduplic.
Melianthus major   }
Rosa major   }
Rubus niger, caesius: plicativ.
      „   idaeus: conduplic.
  Potentilla fruticosa: revolut.

Die übrigen Beispiele zeigen weniger Zusammengehörigkeit
und bleiben deshalb hier unerwähnt. — Die angeführten Resultate bieten jedenfalls schon, wenn sie konstant und richtig
sind, wertvolle Unterscheidungsmerkmale, sowohl zwischen nahe
verwandten Gattungen, als auch zwischen Arten derselben
Gattung.

In einem folgenden Kapitel spricht Linné über die Entfaltung hauptsächlich in zeitlicher Beziehung und benutzt dafür den Ausdruck: „vernatio".[3])

Auch Ant. L. de Jussieu[4]) bespricht die verschiedenen
Knl. der Laubbl. sehr eingehend. — Er sagt:

---

[1]) Vergl. auch pag. 7: Henry und pag. 8: Döll.
[2]) Vergl. auch pag. 16: Focke.
[3]) Vergl. auch pag. 10 und 11: Schleiden.
[4]) A. L. de Jussieu, Genera plantarum, pag. X. (1789.)

„Ratione foliationis seu primae intra gemmam aut absque gemma evolutionis, propria uniuscujusque junioris folii complicatio est convoluta, margine lateris unius intraflexo, alterum spiraliter circum ambiente involuta margine utroque seorsum et spiraliter retroflexo, reclinata apice versus basim simpliciter retroflexo conduplicata, semel plicata lateribus sibi invicem parallele aproximatis, plicata pluribus plicis corrugata. Quoad situm mutuum folia juniora sunt convoluta altero supra alterum convoluto, equitantia, uno conduplicato alterum compar includente, obvoluta, iisdem conduplicatis alterno margine invicem complexis, imbricata, iisdem planis sibi invicem incumbentibus."

Weit kürzer als Jussieu schildert A. P. de Candolle[1]) die verschiedenen Knospenlagen, indem er nur die häufigsten Formen derselben kurz skizziert und abbildet.

Die ersten selbständigen und umfangreichen Arbeiten über Knospen überhaupt sind von A. Henry[2]) in 3 aufeinanderfolgenden Aufsätzen verfasst. — Die erste Abhandlung,[3]) betitelt: „Beiträge zur Kenntnis der Laubknospen", giebt eine ziemlich eingehende Schilderung der Knospenverhältnisse von Betula, Alnus, Carpinus, Ostrya, Corylus, Quercus, Fagus, Castanea, Platanus[4]) im allgemeinen, ohne aber speciell auf die Knospenlage der einzelnen Laubblätter einzugehen. Die zweite Arbeit,[5]) ebenso betitelt, handelt über die Laubknospen der Coniferen. Beide Abhandlungen sind Vorläufer der sehr umfangreichen dritten, der „Knospenbilder".[6]) — Über 100 in ihren Knospenverhältnissen von einander abweichende Pflanzen sind in dieser Arbeit genau beschrieben, und auf 17 Tafeln. je mit zahlreichen Abbildungen und feinen Zeichnungen alle denkbaren Verhältnisse veranschaulicht. Stellung, Umhüllung, Zahl. Blattstellung, Beziehungen zwischen solchen an Haupt- und Nebenzweigen, Entstehung der Knospendecken und Blätter und Lage der letzteren in der Knospe sind für die verschiedensten Fälle beschrieben.

In seiner „Entwicklungsgeschichte der Blattgestalten" sagt E. v. Merklin:[7])

---

[1]) De Candolle und de Lamarck: Flore française, pag. 106. (1805.)
[2]) A. Henry: Nova acta phys. med. nat. cur. (1836.)
[3]) Ebenda, Bd. 18, pag. 527 ff.
[4]) Vergl. auch pag. 6 u. 10.
[5]) Nov. acta, Bd. XIX 1, pag 85 ff. (1837.)
[6]) Ebenda, Bd. XXII 1 u. 2, pag: 173—342. (1847).
[7]) E. v. Merklin: Entwicklungsgesch. d. Blattgestalten.

„Die Blattflächen entwickeln sich zuerst, die Blatt-
lamellen sind gleichseitige oder ungleichseitige Ausbreitungen
derselben. Entweder legen sie sich bei der Entwicklung
auf sich selbst auf, oder sie legen sich mit ihren Spreiten
flach gegeneinander, dies können sie mit ihren äusseren
oder inneren Flächen glatt oder gefaltet thun, wie es bei
den meisten Dicotylen der Fall ist."

Von weit grösserem Interesse sind in dieser Hinsicht Dölls
Angaben und speciell von systematischer Bedeutung. J. Ch.
Döll[1]) hat bei seiner Bearbeitung der Rheinischen u. Badischen
Flora von vornherein die Knospenlage der Blattgebilde überhaupt als ein charakterisierendes Merkmal betrachtet und macht
dementsprechend auch sehr ausgedehnten Gebrauch von derselben. — Seine Einteilung der Gramineen auf Grund der
Knospenlage ist bekannt und auch in späteren Systemen berücksichtigt worden. Weniger Beachtung hat seine Verwertung
der Knospenlage der Blattgebilde überhaupt zur Charakterisierung von Familien, Gattungen und Arten gefunden, und es erscheint deshalb angebracht, hierauf an dieser Stelle ganz besonders hinzuweisen. Sehr interessant ist dabei die häufige
Übereinstimmung der Knospenlage von Krone, Kelch und Laubblättern derselben Pflanze. Eine eingehende Aufzählung der
verschiedenen Fälle würde weit über den Rahmen dieser Arbeit
hinausgehen. Nur einige Beispiele mögen hier von Dölls Beobachtungen Zeugniss geben:

Für die Primulaceen[2]) ist mit Ausnahme von Lysimachia,
wo Kelch. Krone und Blätter Neigung zum Einrollen zeigen,
bei allen Gattungen „deckende" Knl. „foliatio imbricativa —
convolutiva" angegeben. Nach den neusten Beobachtungen von
Pax[3]) ist dies jedoch nicht der Fall bei der Gattung Primula
selbst, für deren Vertreter sowohl ein- als auch zurückgerollte
Knospenlage charakteristisch ist.

Ähnliche Angaben finden sich bei den meisten kleineren
Ordnungen; sie entbehren aber häufig der Vollständigkeit, zeigen
jedoch, dass die systematische Bedeutung der Knospenlage der
Laubblätter immerhin einiger Beachtung wert ist. Die Angaben
Dölls für grössere Familien stehen in keinem Verhältnis zu
denen für kleinere Gruppen, hier begnügt er sich mit einigen.
wenigen Worten. Dies entspricht völlig dem Zweck seines

[1]) J. Ch. Döll: Rhein. Flora, Karlsruhe 1843.
[2]) Bad. Flora, pag. 631 ff. (1848.)
[3]) Vergl. Nat. Pfl.-Fam. IV, 1. pag. 105.

Buches, da für die Charakterisierung von Pflanzen eines begrenzten Gebietes, welches immer relativ wenig verwandte Arten enthält, meist genügend augenfällige Merkmale vorhanden sind.

Über die hier näher zu besprechenden Compositen und Campanulaceen sagt Döll bezüglich der Knospenlage der Blattorgane überhaupt:

1) Synantlhereen:

> Involucrum deckend, Blumenkronsaum klappig, Blätter in der Knospe meist deckend, oft mit zurückgebogenem oder auch eingeschlagenem Rande, zuweilen auch faltig, selten einfach gefalzt.

Ausserdem findet sich nur noch bei Petasites[1]) die Bemerkung: „von beiden Seiten zurückgerollt."

2) Campanulaceen:

> Blumenkronsaumlappen klappig, Blätter deckend.

Besondere Erwähnung verdient ferner Dölls Arbeit über die Knospenlage der Amentaceen.[2]) In derselben sucht er darzuthun, welches Interesse die Knospenlagenverhältnisse als Unterscheidungsmerkmal haben können. Er vervollständigt darin die von Henry[3]) bereits gemachten Beobachtungen durch eingehende Schilderungen hauptsächlich an der Hand von Querschnittsbildern und durch klare Darstellungen. Dieselben erstrecken sich auf die Ulmaceen, Celtideen, Moreen, Carpineen, Plataneen, Salicineen, Betulaceen, Juglandaceen und Fagincen, die der Verfasser mit Hilfe der Knospenlage scharf von einander trennt.

Über dieselben Familien finden sich auch in der bereits erwähnten Rhein. Flora kurze, charakterisierende Angaben über die Knospenlage, die an dieser Stelle kurz erwähnt werden sollen, zumal wir diesen Familien im vorliegenden Teile noch einmal begegnen werden.[4])

„30. Ord. Urticeen: Bl. i. d. Kn. flach od. i. d. Richtung der Mittelrippe zusammengefalzt, überdies auch oft i. d. Richt. der Nebenrippen gefaltet.

1) Ulmaceen: Bl. i. d. Richt. d. Mittelr. zus. gefalzt, i. d. R. d. Seitenr. gefaltet:

---

[1]) Vergl. auch Döll, Bad. Flora pag. 895, und im speciellen Teil: Senecioneae, Petasites.
[2]) Knl. der Amentaceen, Beigabe zur Rhein. Flora. Frankfurt 1848.
[3]) Vergl. Henry, Knospenbilder.
[4]) Ebenda n. pag. 6: Linné.

2) **Moraceen:** Nebenbl. v. d. vollständ. flachen Laubspreite bedeckt.

3) **Cannabaceen:** Blättchen i. d. Kn. fast flach, am Rand etwas eingebog., bei Humulus die Spr. v. den Nebenbl. bedeckt i. d. Richt. d. Mittelr. gefalzt, Seitenränder eingebogen.

4) **Urticaceen:** Spr. i. d. Richt. d. Mittelr. gefalzt, i. d. R. d. Nebenr. gefaltet, am Grunde der Seitenränder eingezogen, von den Nebenbl. bedeckt.

25. Ord. **Salicineen:** — Salix: Bl. flach, etwas gewölbt, deckend. — Populus: Bl. i. d. R. des kürzeren Weges sich deckend.

26. Ord. **Betuleen:** Bl. deckend, i. d. R. d. Nebenrandes gefaltet. — Betula: Nebenbl. decken d. Spr. u. sich nach dem langen Wege der Spirale. — Alnus: die seitlichen u. endständ. Kn. sind nur von den ausserhalb der Spirale liegenden Nebenbl. ihrer ersten Bl. gedeckt.

27. Ord. **Carpineen:** Bl. bald flach, bald i. d. R. d. Mr. zus. gefalzt u. i. d. R. der Seitenr. gefaltet.

28. Ord. **Fagineen:** — Fagus: Spr. liegt innerhalb der Nebenbl., und i. d. R. d. Seitenr. gefaltet. — Bei Quercus: Spr. i. d. R. d. Mr. zus. gefalzt oder nur gewölbt oder rinnig, oder flach, oder zerknittert."

Bevor ich Döll verlasse, möchte ich noch kurz anführen. was er im Vorwort zu seiner „Knospenlage der Amentaceen" sagt. Es liegt nicht in seiner Absicht, zu versuchen, die den beschriebenen Thatsachen zu Grunde liegenden Ursachen zu ergründen, sondern Forschungen nach diesen nur Vorschub zu leisten. denn. sagt er wörtlich:

„Sind vorerst die Thatsachen mit der möglichsten Schärfe abgefasst, dann mag der strebende Geist seinem höheren Triebe folgen und entweder bereits vorliegende Ansichten daran prüfen oder auch neue Naturgesetze daran zu erforschen suchen".

M. J. Schleiden[1]) legt besonderen Wert auf die Terminologie und unterscheidet: „Vernatio", Lage der einzelnen Blätter, und „Foliatio". d. i. Lage derselben zu einander, deren verschiedene Modificationen er anführt. Über die Knospenlage überhaupt sagt er:

---

[1]) M. J. Schleiden, Grundz. d. wissensch. Bot. II. T. pag. 205 f. (1849.)

„Die Blattorgane haben eine specifisch bestimmte Art der Zusammenfaltung (vernatio) und der gegenseitigen Lage (foliatio). Aus der Entstehung der Blattorgane geht hervor, dass dieselben, wenn ihrer mehrere auf gleicher Höhe stehen, immer einmal in die Lage kommen müssen, wo ihre Ränder sich berühren (vernatio simplex, foliatio valvata). Oft bleibt diese Lage während des ganzen Knospenzustandes, oft ändert sie sich durch Ursachen, die noch nicht sattsam erforscht sind, in andere um, die aber grösstenteils in der individuellen Ausbildung des einzelnen Blattes begründet zu sein scheinen."

An dieser Stelle darf die umfangreiche und vielfach grundlegende Arbeit von Aug. Trécul:[1] „Sur la formation des feuilles" nicht unerwähnt bleiben. Dieselbe ist allerdings eine rein entwicklungsgeschichtliche und beschäftigt sich lediglich mit Beobachtungen am blossgelegten Vegetationspunkte und an Längsschnitten.

Hofmeister[2]) widmet der Lage der Blattgebilde in der Knospe ein besonderes Kapitel und beschreibt die verschiedenen beobachteten Möglichkeiten sehr eingehend, indem er sie auf jeweils vorherrschende Epinastie oder Hyponastie zurückführt, aber gleich Döll die zu Grunde liegenden Ursachen ausser Acht lässt. Einige für die vorliegende Arbeit interessante Stellen, auf die ich später zurückkommen möchte, gebe ich hier wieder:[3])

„Die klappige Lage der Blätter einer mehrblättrigen Knospe ist die denkbar einfachste, sie kann als die für die meisten anderen Knospenlagen primitive bezeichnet werden. Aus ihr gehen die mannigfaltigen differenten Lagenverhältnisse der Blätter einer Knospe zu einander hervor. Auch die später deckenden oder gerollten Blätter einer Knospe, z. B. von Luzulen oder von Gräsern, werden in einer Lage angelegt, welche der klappigen entspricht; die weiterhin eintretenden Abänderungen von dieser Lage beruhen auf nachträglichen Verbreiterungen, zum kleineren Teile des Blattgrundes, zum grösseren Teile der Seitenränder des Blattes".

Über die Deckung in höheren Stadien sagt Hofmeister:

---

[1]) A. Trécul, Annales des sciences. XX. pag. 235 ff. pl. 20—25. (1853.)
[2]) Hofmeister, Handb. der Bot. Allgem. Morpholog. Kap. 14. (1867.)
[3]) Hofmeister, pag. 534.

„Derjenige Blattrand, welcher rascher sich verbreitert, wird bei der Einrollung der innere, er liegt bereits dicht an der Aussenfläche des Knospenrandes an zu der Zeit, wo der entgegengesetzte Blattrand die nämliche Längskante des Knospenrandes erreicht: dieser ist gezwungen über jenen hinwegzuwachsen."

Über die gefiederten Blätter heisst es:

„Die Sprossungen fast aller geteilten und zusammengesetzten Blätter liegen sämtlich in der Ebene, nur der Rand der Blattspreite der meisten erscheint eingebuchtet. Die grosse Mehrzahl zusammengesetzter Blätter hat sämtliche seitliche aus Stiel und Spreite bestehenden Sprossungen (Seitenblättchen) in ein und derselben Ebene liegen, und in der nämlichen Ebene liegt auch die terminale Spreite (das Endblättchen) des zusammengesetzten Blattes, dafern dessen medianer, schmaler Teil (Hauptstiel des Blattes, gemeinsamer Blattstiel) eine solche trägt. Doch gelten diese Sätze nicht ausnahmslos."

Diese citierten Stellen mögen etwas zusammenhanglos erscheinen; aber mehr anzuführen, als für den erwähnten Zweck nötig. glaube ich im Interesse des Raumes besser unterlassen zu dürfen.

In Leunis[1]) Synopsis sind die häufigsten Fälle von vernatio und foliatio angeführt und beschrieben, ebenso in anderen grösseren Lehrbüchern.

E. Pfitzer[2]) schenkt in seinem schon erwähnten. der Bearbeitung der Orchideen in d. Nat. Pfl.-Fam. zu Grunde liegenden „Entwurf" der Knospenlage der Laubblätter eine sehr eingehende Beachtung, sodass ich mir gestatten möchte, einige weitere Stellen aus diesem Werke zu citieren. Pag. 8 heisst es:

„. . . während z. B. die Knospenlage sich schon entscheidet. wenn die Pflanze bei ihrer Entwickelung aus dem Samen so weit erstarkt ist, dass sie überhaupt Laubblätter bilden kann":

und an weiterer Stelle:[3])

„für ein weiteres wichtiges Merkmal halte ich dann die Knospenlage der Laubblätter, welche bei den Orchideen

---

[1]) Leunis, Synopsis d. Pflanzenreiches, herausgeg. v. A. Frank. Berlin. (1883.)
[2]) E. Pfitzer, Entwurf e. natürl. Anordnung d. Orchid., pag. 8. (1887.)
[3]) Ebenda, pag. 42.

einfach duplicativ in der Mittelrippe scharf nach oben zusammenschlagen oder convolutiv aufwärts eingerollt in der Knospe liegen." — (Hierauf stützt sich die am Schluss folgende Einteilung der Acranthae und Pleuranthae in Convolutae und Duplicatae.) — „Zur Lebensweise sind hier wohl kaum Beziehungen vorhanden, und hat das Moment ferner den praktischen Vorzug, dass es schon an den nicht blühenden Pflanzen vielfach die Gruppe zu bestimmen gestattet. Namentlich, wenn Reste alter Inflorescenzen deren Stellung zeigen. An Herbarexemplaren ist freilich dies Merkmal oft nicht deutlich; doch kann bisweilen der Querschnitt eines noch unentwickelten jungen Laubtriebes helfend eintreten."

Es folgt dann specielle Anwendung der Knospenlage für die Bestimmung von Eria stellata Ldl. und Coelogyne fimbriata Ldl., die beide in ihrer Knospenlage von den übrigen Vertretern ihrer Gattung abweichen und dadurch auf Zugehörigkeit der ersteren zur Gattung Tainia schliessen lassen.

Im Anschluss an die Döllsche Einteilung der Gräser hinsichtlich deren Laubknospenlage sagt Pfitzer:

„Es kann auch vielleicht eingewendet werden, dass in anderen Pflanzenfamilien, z. B. bei den Gräsern, oft in einer Gattung verschiedene Knospenlage der Laubblätter vorkommt. Einmal hat aber die Einrollung der Grasblätter einen biologischen Wert und zweitens ist es ein alter Erfahrungssatz, dass dasselbe Merkmal, welches in einer Gruppe äusserst constant ist, in einer anderen sehr wechselt. Ausserdem ist ja die Knospenlage der Petalen längst als sehr wichtiges systematisches Merkmal anerkannt und nicht einzusehen, warum die Lage in der Knospe bei diesen Hochblättern wichtiger ist, als bei den Laubblättern."

Eine Arbeit, welche die Knospenlage der Laubblätter zum alleinigen Gegenstand umfangreicher Untersuchungen hat, ist von Rudolf Diez[1]) veröffentlicht worden.

Der Verfasser stellt sich darin die Aufgabe, zu ergründen, ob die Knospenlage allein von der Blattgestalt abhängig sei oder ob sie, unabhängig von derselben, ein charakteristisches Merkmal ganzer Gattungen und Familien darstellt, deren Vertreter verschieden geformte Blätter aufweisen. Das von ihm

---

[1]) R. Diez, Flora No. 31—33. (1888.)

erzielte Resultat ist in jeder Beziehung ein negatives zu nennen, da die Vergleiche hinsichtlich der Blattform und anderer Erklärungen gar keine positiven Schlüsse gestatten, während die letztere Frage nur eine ganz ausnahmsweise Bejahung gefunden hat.

Diez bezweifelt die Genauigkeit der Döll schen[1]) Befunde und giebt einige diesbezügliche Richtigstellungen. Alsdann folgen Beispiele für die verschiedenen Knospenlagen, mit zum Teil eigenen Ausdrücken, alsdann die verschiedenen Formen bei verschiedenen Blattstellungen. Hieran reiht sich der äusserst umfangreiche specielle Teil, welcher viele hundert Arten der gesamten Phanerogamen enthält. — Übereinstimmende Knospenlagen fand Diez bei den

Nymphäaceen, von beiden Seiten eingerollt.
Polygonaceen   „   „   „ zurückgerollt.
Scitamineen spiralig eingerollt.
Mimoseen mit flachen Fiederbl.

Mit einzelnen Ausnahmen stimmen überein:

Violaceen von beiden Seiten eingerollt. Ausnahme: Jonidium.
Papilionaceen, einfach gefalt. Ausnahme: Lathyrus und Orobus.
Oxalideen ebenso, ausgen. Biophytum.
Die Convolvulaceen sind meist einfach gefaltet.
Die Cupuliferen längs- und quergefaltet.
Rosaceen, Tilicaceen, Malvaceen sind vorwiegend gefaltet.
Ranunculaceen, Boragineen, Cruciferen, Amaryllideen, Liliaceen
    und Aroideen vorwiegend eingerollt.
Gramineen abwechselnd rechts und links gerollt.
Ericaceen, Solaneen, Campanulaceen verschieden gerollt, aber
    nie gefaltet.

Über die gleiche Art der Knl. bei gleicher Blattform sagt Diez:

„Es ist jedoch aus dem spec. Teil ersichtlich, dass bei manchen Blattformen, ob sie Repräsentanten verschiedener Familien angehören, meist eine Art der Knl. häufiger wiederkehrt, dass mithin die übrigen Formen als Ausnahmen gelten können. Es sei z. B. auf die 3 zähligen Blätter aufmerksam gemacht, bei denen die Faltung der Einzelblätter die gewöhnlichere Knl. ist etc."

In den neuesten systematischen Arbeiten endlich erfreut sich die Knl. der Laubbl. bereits wieder einiger Beachtung, wenn

---

[1]) Vergl. Döll. Rhein. Flora 1843.

auch die meisten Angaben darin kaum über das von Döll Gesagte hinausgehen.

Nach einer Angabe von Eichler[1]) unterscheiden sich die Artocarpeen von den Moraceen dadurch, dass letztere in der Knospe flache, erstere gerollte Blattlage haben. Besonders zu erwähnen sind ferner die im in d. Nat. Pfl.-Fam.[2]) erschienenen Gramineen. Palmen, Zingiberaceen, Marantaceen, Orchideen, Fagaceen, Moraceen, Podostemaceen, Ericaceen, Caryophyllaceen, Droseraceen."

Petersen[3]) sagt bei den Zingiberaceen:

„Einrollung in der Knospe gegenwendig, die beiden Blattspreiten sind einander gleich oder die eine ist wenig breiter als die andere, wo dieses statt hat, wird im Knospenzustand die breitere Hälfte von der schmäleren gedeckt."

Umfangreicher sind die Angaben bei den Marantaceen, hier heisst es:[4])

„Wie bei den anderen Scitamineen mit ungleichseitigen Blättern wird die breitere Hälfte von der schmalen im Knospenzustand umrollt. Bei einem Teil der Marantaceen sind die aufeinanderfolgenden Blätter abwechselnd im entgegengesetzten Sinne gerollt, das eine rechts. (man denkt sich z. B. in die Achse hinein, mit dem Gesicht gegen die Achse, wenn dann die rechte Seite übergreift, ist das Blatt rechts gerollt). das nächste links und das folgende wieder rechts u. s. w. Wo die schmälere Hälfte der Spreite die deckende ist und die Blättchen zweizeilig sind, fallen hier sämtliche schmale Hälften auf die eine, sämtliche breite Hälften auf die andere Seite."

„Derartige Bl. nennt man antitrop. Bei den Marantaceen sind sämtliche Bl. in gleichem Sinne gerollt und hier werden also die breiten und schmalen Blatthälften nach abwechselnd entgegengesetzten Seiten des Stengels gerichtet. Solche Blätter nennt man homotrop, und diese Verhältnisse werden bei der Einteilung der Familie benutzt. Bei Homotropie sind die Bl. immer rechts gerollt."

Besondere Erwähnung verdient hier noch die von Pfitzer[5]) für die Orchideen angegebene Erscheinung, dass abnorme Ver-

---

[1]) Eichler. Blütendiagramme.
[2]) Engler-Prantl. Die natürlichen Pflanzenfamilien. II 6, pag. 12.
[3]) Petersen, ebenda, pag. 34 u. 35.
[4]) Vergl. auch de Candolle, Prodrom. pars 17, pag. 212.
[5]) Pfitzer. Orchideen. im Engler-Prantl. II 6, pag. 60.

hältnisse, wie z. B. Längsfaltungen am Gesamthabitus der Kn.
nichts ändern, und dass, wie bereits erwähnt,[1]) die Knl. von
ihm bei der Einteilung Verwendung findet.

Übereinstimmend verhalten sich nach O. Drude die
Ericaceen[2]), Droseraceen[3]), und nach Prantl die Fagaceen[4]).

Focke benutzt die Knl. bei der Gruppierung der Arten
von Prunus[5]) je nach gefalteter oder gerollter Lage. Pax sagt
bei den Primulaceen,[6]) dass mit Ausnahme der Sectionen
Floribundae, Sinenses und Auriculae die Vertreter der Gattung
Primula alle rückgerollte Knl. haben.

Zur Ergänzung seien noch 4 Arbeiten erwähnt, die auf die
Laubknospen Bezug haben, die ich aber nicht erhalten konnte:

Mennander: de foliis plantarum: Aboae 1747.

Suringar: de foliorum ortu Lugduni 1820.

Höven   „   „   „   „   1825.

Wydler: Die Knl. der Laubbl. (Berner Mitteilungen 1850.)

Aus der vorangehenden litterarischen Zusammenstellung
folgt bereits, dass innerhalb verschiedener Familien Übereinstimmung hinsichtlich der Knl. besteht: Ericaceen, Droseraceen,
Betulaceen, — dass in anderen Familien diese Übereinstimmung
auf Gruppen beschränkt sein kann: Orchideen, Gramineen —,
oder dass nur innerhalb mancher Gattungen die gleiche Knospenlage herrscht: z. B. Fagus, Quercus. — Andererseits aber
fehlt es auch nicht an Fällen, wo die Arten einer Gattung in
dieser Beziehung von einander abweichen: Primula, Prunus,
Salix, Mespilus, Rubus etc.

Ferner darf man auch schon aus den vorangehenden Zusammenstellungen schliessen, dass die Knl. des Laubblattes
ebenso gut von systematischer Bedeutung sein kann, wie die
in dieser Beziehung bisher allzusehr bevorzugten Kelch- und
Blumenblätter.

---

[1]) Vergl. auch pag. 13.
[2]) Vergl. d. nat Pfl.-Fam. IV 1, pag. 18.
[3]) Vergl. ebenda III 2, pag. 263.
[4]) Vergl. ebenda III 3, pag. 47.
[5]) Vergl. ebenda III 3, pag. 52, 53.
[6]) Vergl. ebenda IV 1, pag. 105.

Vor Beginn des speciellen Teiles möchte ich mir gestatten, nochmals auf die bereits erwähnte Arbeit von Diez zurückzukommen, da dieselbe zu der hier zu erörternden Frage in sehr naher Beziehung steht:

Das von Diez erlangte Resultat ist wohl nicht überraschend, wenigstens nicht in Bezug auf eine einheitliche Knl. innerhalb grösserer Familien, deren Vertreter meist nur äusserst ausnahmsweise und oft recht mühsam aufgefundene einheitliche Merkmale besitzen, sondern nur unter sich wiederum gruppenweise übereinstimmen und einen einheitlichen Habitus repräsentiren. Es wäre eher eigentümlich, wenn beispielsweise die hier näher zu berücksichtigenden Compositen, die in ihren Vegetations- und Blütenorganen, sowie deren Anordnung so ausserordentlich von einander abweichen, gerade in ihren Blattknospen übereinstimmten. Anders verhält es sich hinsichtlich kleiner Familien mit hochgradig ausgeprägtem typischem Habitus. Hier läge allerdings die Vermutung nahe, dass auch die Knospenlage sich der allgemeinen Harmonie anschliesst und ein einheitliches Bild gewährt. Deshalb wurden bei dieser Arbeit auch die den Compositen am nächsten stehenden Campanulaceen und Lobeliaceen mit zur Beobachtung herangezogen.

3. Specieller Teil.

A. Familie Compositae.[1]

1. Tubuliflorae Vernonieae.

Als Hauptcharacteristicum dieser Gruppe bezeichnet O. Hoffmann den Griffel, welcher tief gespalten, auf den Innenseiten der Schenkel die Narben nur undeutlich erkennen lässt, während die Aussenseiten dicht mit Fegehaaren besetzt sind. — Der Blütenboden ist flach oder ziemlich flach, kahl oder seltener (Adenoon) behaart, meist glatt oder schwach grubig, bei einzelnen Gattungen wabig oder tief grubenförmig. Die Vernonieae sind Kräuter, Sträucher oder kleine Bäume, mit abwechselnden oder grundständigen, nur ausnahmsweise gegenständigen Blättern.

Als Untersuchungsmaterial konnten leider nur die 8 Arten:

Vernonia Baldwini Torr.

"   centrifolia Cass.,
"   acutifolia Hook.,
"   fasciculata Mchx.,
"   novaeboracensis Cav.,
"   eminens Willd.,
"   corymbosa Less.,
"   anthelminthica Willd.

verwendet werden.

Diese 8 Arten stimmen, wie in ihrem äusseren Habitus, auch in der Knl. ihrer Laubblätter sehr überein. Die jugendlichen Blattanlagen zeigen schon in sehr frühen Stadien Neigung sich revolutiv zu verhalten. Diese Rückwärtskrümmung nimmt stetig zu und bleibt bis zur vollkommenen Entfaltung des Blattes, einige Zeit nach dem Zurückbiegen desselben von der Verticalstellung erhalten. — Abbild. 17 bringt diese Knl. (vernatio revolutiva) zum Ausdruck.

---

[1] Die Characterisierung der Gruppen ist nach O. Hoffmann. (Natürl. Pfl. Fam. Engl. Prantl.)

2. Tubuliflorae Eupatorieae.

Der Griffel ist ebenfalls, wie bei den Vernonieen, tief in 2 halbcylindrische, stumpfe Schenkel gespalten. An deren unteren Rändern stehen die Narben, über denselben kurze Fegehaare. Der Blütenboden ist nackt, selten bewimpert oder grubenförmig. Es sind Kräuter oder Sträucher mit meist ungeteilten gegenständigen, seltener quirlständigen Blättern.

Untersucht wurden:

Eupatorieae-Piquerinae.

Ophryosporus triangularis Meyen.

Eupatorieae-Ageratinae.

Ageratum mexicanum Sims — conyzoides L.

Stevia glutinosa A. Humb. — pubescens Lag. — purpurea Pers.

Mikania Guaco H. B. K. — officinalis Mart.

Eupatorium cannabinum L. — purpureum L. — glechonophyllum Less. — aromatisans D. C. — sessilifolium Ell. s. L. — ageratifolium L. — ianthinum L. — maculatum Muhl. — macrophyllum L. — atrorubrum Less. — speciosum L. — Papstii Rgl. — glaucum L. — glabratum Kunth. — micranthum Cass. — glabellum Less. — petiolare Mocin.

Eupatorieae-Adenostylinae.

Adenostyles alpina Fing. — albifrons Rchbch. — stylosa D. C.

Liatris spicata Willd. — punctata Hook. — elegans Willd. — squarrosa Willd.

Die Arten mit typisch gegenständigen Blättern verhalten sich in der Knospe sehr übereinstimmend; auch Eupatorium purpureum L. und Eup. maculatum Mühl. mit quirlständigen Blättern sind nur hinsichtlich der veränderten Blattstellung entsprechend abweichend.

Bei den Formen mit gegenständigen Blättern biegen bei der Blattentwickelung die Spreitenränder zunächst nach innen, bis sie auf die des gegenüberstehenden Blattes stossen, dann richten sie sich nach aussen und wachsen parallel mit den Hälften des gegenüberstehenden Blattes weiter. Dadurch entsteht eine flache Deckung, die sich in höheren Stadien stets mehr ausbildet, indem auch die Blattrippen sich schliesslich flach aufeinander legen.

Bei den Arten mit quirlständigen Blättern berühren sich die Blattränder um die Hälfte eher und biegen sich infolgedessen stärker zurück, sodass es nicht selten zu geringer Rückrollung kommt, dabei liegen die Blätter meist innig aneinander und schliessen die jüngeren Organe fest ein.

Bei Ophryosporus triangularis Meyen und der Gattung Adenostyles liegen die Verhältnisse etwas anders. Hier tritt bei spiraliger Blattstellung schon an sehr jungen Blattanlagen Rückwärtskrümmung ein und führt im Laufe der weiteren Entwickelung bei Adenostyles zu starker Rückrollung.

Bei dieser Gattung mit grundständigen, lang gestielten Blättern, welche in ziemlich langen Zwischenräumen nach einander angelegt werden, werden infolgedessen meist nie mehr, als 2 Spreiten mit einem Querschnitt getroffen. Von einer Lage der Blätter zu einander und einem eigentlichen Knospenbild im Sinne einer Foliatio kann somit nicht gut die Rede sein.

Ganz abweichend ist die Knospenlage bei der Gattung Liatris und bei den Arten von Stevia mit spiralig angeordneten Blättern (Stevia purpurea Pers.). Bezüglich der Blattstellung und Anordnung mit Adenostyles übereinstimmend, tritt uns hier zum ersten Male eine vernatio convolutiva — involutiva entgegen. Die Einwärtsbiegung der Blattränder bleibt bis zur Entfaltung erhalten. In der nächsten Gruppe werde ich auf diese Knospenlage näher einzugehen Gelegenheit nehmen.

Somit unterscheiden wir bei den untersuchten Eupatorieen 3 Fälle der Knospenlage:

1) die revolutive Knl. ist secundär, ihr geht Einwärtsbiegung der Spreitenränder voraus. Dies gilt für die Gattungen: Ageratum, Mikania, Eupatorium, Stevia pubescens Lag. und glutinosa A. Humb.;

2) die revolut. Knl. tritt primär auf: Ophryosporus, Adenostyles;

3) convolutive bis involutive Knospenlage: Liatris und Stevia purpurea Pers.

3. Tubuliflorae Astereae.

Griffel auch hier oben gespalten: die flachen Schenkel tragen die Narben in 2 deutlich hervortretenden seitlichen Streifen. Dies dient zur Unterscheidung der Astereae von verwandten Arten der Inuleae und Senecioneae. Der Blütenboden ist glatt, grubig oder nicht selten etwas wabenförmig mit gewimperten oder zerschlitzten Rändern der Waben. Streublätter fehlen meist.

Die Blätter sind gewöhnlich abwechselnd, zuweilen grundständig, seltener gegenständig, sehr selten zu 3 quirlständig. Die Blattspreite ist meist einfach, seltener fiederförmig eingeschnitten. Die Astereae sind meist Kräuter oder Halbsträucher, jedoch auch Sträucher und Bäume.

Untersucht wurden:

Astereae-Solidagininae.

Solidago Virgaurea D. C. — canadensis L. — limonifolia Pers. — arguta Ait. — latifolia L. — lanceolata L. — asperata Pursh.
Grindelia glutinosa Dun. — squarrosa Dun.
Haplopappus lanuginosus Gray.
Heterothalamus brunioides Less.
Neja falcata Nees.

Astereae-Bellidinae.

Bellis perennis L.

Astereae-Asterinae.

Boltonia glastifolia L'Hér.
Aster alpinus L. — Amellus L. — canus W. et K. — formosissimus L. — fragilis Willd. — fastigiatus Cass — glabellus Nees. — hyssopifolius L. — spurius Willd. — macrophyllus L. — Michelii Cass — versicolor Willd. — präaltus Poir. — pyrenäus D. C. — salignus Willd. — parviflorus Nees. — paniculatus L. — spectabilis Ait. — Novi Belgii Nees. — Tradescantii. F. Muell.
Erigeron canadensis L. — speciosus D. C. — bellidifolius Muhl. — glabellus Nutt. — aurantiacus L. — neglectus L. — uniflorus L. — acer L.
Olearia Haastii F. Muell. — dentata Mönch. — cordifolia Benth. — Stuartii F. Muell.

Astereae-Conyzinae.

Chrysocoma coma aurea L. — rosmarinifolia Spreng.

Astereae-Baccharidinae.

Baccharis halimifolia L. — patagonica Nees. — rosmarinifolia Hook. — richardiifolia Cav.

Die Knl. dieser 12 Gattungen stimmt im Grossen und Ganzen überein. Mit einer Ausnahme findet bei der Spreitenentwicklung stets peripherisches bis involutives Wachstum statt, so dass also eine foliatio imbricativa, convolutiva oder involutiva entsteht. Nur Olearia Haastii F. Muell. zeigt eher Neigung, die Spreitenränder schon in den frühsten Stadien etwas zurück-zubiegen. Meist jedoch liegen bei dieser Art, wie auch bei Olearia dentata Mönch die Hälften desselben Blattes in einer Ebene. Der Grad der Einwärtsbiegung ist bei den übrigen Gattungen und Arten verschiedenen Modificationen unterworfen, die sich jedoch nicht als absolut constant erweisen.

Da wir es hier mit der häufigsten Knl., der convolutiven, zu thun haben, welche sich wiederum aus der primitivsten, der imbricativen direct ableitet, erscheint es zweckmässig, dieselbe etwas eingehend zu schildern und deren Entwicklung an aufeinander folgenden Schnitten zu verfolgen.

Es wurden zu diesem Zweck von Aster Amellus und Solidago canadensis Längs- und Querschnittserien verschiedener Knospen von der Spitze bis dicht unter den Vegetationspunkt angefertigt. — Aus dem jüngsten Schnitt, d. h. dem, welcher die oberste Spitze des Vegetationskegels mit den jüngsten Blattanlagen enthält, ergab sich, dass die letzteren in nichts von dem z. B. von Hofmeister[1]) für Polygala myrtiflora und Delphinium elatum gegebenen Abbildungen abweichen, und dass sich das von Hofmeister über diese Verhältnisse Gesagte[2]) hier bestätigt. — Erst an der fünften oder sechsten Blattanlage (vom jüngsten Blatt ausgehend) kann man von sich differenzierenden Spreiten sprechen, die noch bis zum 8. oder 9. Blatt ziemlich in einer Ebene liegen. Dabei deckt ein Blatt z. B. das achte, bei rechts laufender, vom Vegetationspunkt ausgehender Spirale[3]) mit seiner linken Hälfte einen Teil des 5. und mit seiner rechten, der dem Vegetationspunkt näher liegenden, einen Teil des 4. Blattes. (Fig. 1.) Bei den nun folgenden älteren Blättern zeigt sich dann meist deutlich eine Einwärtsbiegung der jungen Spreite, die dann stetig fortschreitet und zwar im normalsten Falle so, dass sie von der Richtung der gedachten, sich nach oben entsprechend erweiternden Spirallinie nicht abweicht, also selbst einen peripherischen Teil darstellt. — Bei dieser Weiterentwicklung breitet sich natürlich jedes Blatt entsprechend über mehrere der jüngeren aus, um-

---

[1]) Vergl. Hofmeister Morphol. Fig. 79, 82, 84, 86.
[2]) Vergl. auch pag. 11. Hofmeister.
[3]) Um in Bezug auf den Vegetationspunkt rechts und links zu unterscheiden, denkt man sich in die Stammachse — um am Blatte Gleiches zu thun, in die Blattachse oder Mittelrippe gestellt, mit dem Gesicht dem Vegetationspunkt zugekehrt.

schliesst in höheren Stadien alle nach ihm entstandenen und deckt endlich, bei „starker Deckung" die eine eigene Spreiten-hälfte mit der anderen. Meist scheint die im Verlauf der Spirale äussere Hälfte die überwachsende zu sein.[1] Ent-sprechend diesem normalsten Falle von imbricativer, resp. convolutiver Knl. verhalten sich nicht nur die meisten Astereen, sondern auch die meisten Vertreter der folgenden Gruppen, der Helenieen, Inuleen, Anthemideen, Cynareen und Cichorieen, so-weit sie ungeteilte Blätter haben.

Bei den Astereen speciell, die hier zunächst in Frage kommen, erlangt die Stärke der Deckung sehr verschieden hochgradige Ausbildung, zeigt jedoch in höheren Schnitten, im normalen Falle, convolutive Knl.[2]. Die Gattungen: Erigeron, Baccharis, Boltonia, Chrysocoma, Olearia dentata und Ol. cor-difolia bleiben meist auf einem primitiveren Stadium als die Gattungen Aster und Solidago stehen; doch kann bei den vielfachen Schwankungen auch irgend eine Art von Erigeron einmal stärkere Deckung zeigen, als eine gering deckende Aster.

Bei stark behaarten Formen erlangt die Deckung natur-gemäss ungleich hohe Ausbildung, wie bei wenig oder unbe-haarten Arten mit entsprechend gleich breiten Blättern. Bei Erigeron canadensis, E. glabellus, und E. aurantiacus tritt die auffällige Erscheinung hervor, dass die Einwärtsbiegung eigentlich nur an den Rippen erfolgt[3] während die zwischen den Nerven befindlichen Spreitenteile meist ziemlich ungebogen sind. Dieses Verhalten verleiht den Querschnitten ein um so eigenartigeres Aussehen, als auch die Blattnerven darin besonders stark hervortreten.

Eine Abweichung von dem oben geschilderten, normalen Falle der foliatio convolutiva[4] stellt die vernat. involutiva dar. Dieselbe entsteht dadurch, dass die Spreitenhälften eines Blattes nicht mehr übereinanderwachsen, sondern entweder erst bei gegenseitiger Berührung oder schon vorher z. B. beim Gegen-stossen an eine Blattrippe sich einrollen. (Figur 7.) Bei Erigeron bellidifolius beginnt diese Einrollung manchmal erst, nachdem eine Spreite die andere überwachsen hat. Früher tritt diese Erscheinung bei Aster Novi Belgii, Solidago arguta, S. latifolia und S. limonifolia und hier und dort bei einigen anderen Arten von Aster und Solidago auf.

---

[1] Vergl. auch Litterar. Teil, pag. 12; Hofmeister.
[2] Vergl. Figurenerklärung.
[3] Vergl. Inuleae und Figur 6.
[4] Vergl. Figurenerklärung.

Bei Aster Novi Belgii pflegt vorwiegend der mehr nach aussen liegende Rand, also diejenige Spreitenhälfte welche in einer, vom Vegetationspunkt ausgehend gedachten Spirale entfernter liegt, die stärkste Rollung zu erfahren, während der andere Rand nicht selten in die Rollung des jüngeren Blattes eingreift. Bei Solidago arguta und S. limonifolia pflegen beide Blatthälften sehr stark eingerollt zu sein. — Doch, wie schon gesagt, ist diese Erscheinung keineswegs absolut constant; bald ist sie in einer der angeführten Möglichkeiten ausgeprägt, bald vermisst man sie gänzlich. Nur für Erig. bellidif. und Solid. arguta, latifol. und limonif. kann sie als Regel in der eben angeführten Weise gelten.

Das gesamte Untersuchungsresultat kann für diese Gruppe, abgesehen von den kleinen und unwesentlichen Abweichungen, mithin ein sehr übereinstimmendes genannt werden und findet in dem Bestreben jedes Blattes, alle inneren zu umschliessen und in der absolut herrschenden involutiven Wachstumsrichtung seinen Ausdruck.

4. Tubuliflorae Inuleae.

Der Griffel der Inuleae ist sehr verschieden, bald Vernonieen-, Astereen- etc. ähnlich. Der Pappus besteht vorwiegend aus Borsten, seltener aus Schuppen. Der Blütenboden ist meist nackt: bei den Filagininae vor allen oder nur vor den (oder weibl.) Blüten mit Spreublättern, bei Buphtalminae und einigen anderen Gattungen spreublättrig oder selten borstig.

Es sind meist Kräuter, oder Halbsträucher, seltener Sträucher oder Bäume. Die Blätter sind mit wenigen Ausnahmen abwechselnd.

Untersucht wurden:

Inuleae-Tarchonanthinae.
  Tarchonanthus camphoratus L.
Inul.-Plucheinae.
  Pluchea odorata L. — Katschii Nees.
Inul.-Filagininae.
  Evax pygmaea Pers.
  Filago germanica D. C. — gallica L.
  Micropus erectus L.
Inul.-Gnaphaliinae.
  Antennaria dioica Grtn. — alpina Grtn. — margaritacea Brown. — plantaginea R. Br.

Leontopodium alpinum Cass. — sibiricum D. C.
Gnaphalium dioicum L. — silvaticum L. — luteoalbum
L. — uliginosum L. — supinum L.
Helipterum Sandfordii Hook.
Helichrysum rupestre Br. — petiolatum Pursh. — turbi-
natum Cass. — arenarium D. C. — angustifolium L. —
crassifolium L. — anatolicum Boiss.
Humea elegans Smith.
Ammobium alatum R. Br.
Inul.-Angiantinae.
Calocephalus Brownii Cass.
Inul.-Inulinae.
Inula media Bieb. — oculus Christi L. — Helenium L. —
salicina L. — hirta L. — britannica L. — Conyza
D. C. — germanica L.
Pulicaria dysenterica Grtn. — vulgaris Grtn.
Carpesium cernuum L.

Für die hier angeführten Gattungen gilt im Wesentlichen
dasselbe, wie für die Astereae, auch hier spielt die peripherische
bis involutive Wachstumsrichtung bei der Blattverbreiterung
die Hauptrolle, führt aber nie zu der starken Deckung oder
Einrollung, wie sie bei den Astereen besprochen wurde. Selten
umschliesst ein Blatt völlig alle anderen, noch seltener aber
deckt es sich selbst. Die höchst entwickelte Deckung wurde
bei Humea elegans, Inula media und J. Helenium beobachtet.
Eine Art: Carpesium cernuum L. nimmt eine abweichendere
Stellung ein, als Olearia Haastii unter den Astereen, indem
bei ihr schon in den frühesten Stadien revolutives Wachstum
der Blattränder eintritt.

Leider habe ich 2 von Diez[1]) ebenfalls als rückbiegend
angegebene Arten Helichrysum maculatum und H. thianschanicum
nicht erhalten können. Einen gewissen einheitlichen und von
den Astereen abweichenden Character erhalten die Knospen-
querschnittsbilder durch die vorwiegend stark hervortretende
Berippung, die ähnlich, wie bei Erigeron,[2]) mit der Krümmungs-
richtung im Zusammenhang steht. Diese Verhältnisse treten
hier, besonders bei Humea elegans, Inula media, J. oculus
Christi, Tarchonanthus und Pulicaria weit characteristischer
auf und fehlen auch den anderen Arten nicht ganz. Am
schönsten sind sie an älteren Schnitten von Humea elegans,

---

[1]) Vergl. Diez: Hora 1887, pag. 528. (Helichrysum.)
[2]) Vergl. pag. 23.

Tarchonanthus, bei welch letzteren der Mittelnerv besonders stark entwickelt ist, zu beobachten. Eine weitere Eigentümlichkeit zeigt Pulicaria, deren Spreitenhälften in der Mittelrippe meist nach innen zu einander in einem Winkel von 90° oder weniger geneigt sind. — Bei sehr vielen Arten, besonders Tarchonanthus, Pluchea odorata, Antennaria, Leontopodium alpinum, auch Inula Helenium, J. hirta und J. salicina gewinnen die Knospenbilder durch die überaus starke Behaarung, die bald drüsig, filzig, oder wollig ist, ein ganz eigenartiges Aussehen, indem die Blätter in förmliche Polster eingebettet sind und gar nicht in directe Berührung mit einander treten.

Die Blattlage von Antennaria margaritacea Brown. ist dadurch interessant, dass revolutives Wachstum erst secundär auftritt, jedoch ohne zu starker Rückkrümmung zu führen. Letztere bleibt aber dann meist auch an den entfalteten Blättern erhalten. Dies gilt aber nur für ältere, oberirdische Knospen, an unterirdischen, noch von Niederblätt. umschlossenen Knospen konnte ich nie eine Spur von Rückbiegung beobachten, vielmehr sind da alle Blätter normal, schwach nach innen gebogen. Antennaria marg. repräsentiert somit den einzigen von mir beobachteten Fall, wo die Knospenlage während des Knospenzustandes an derselben Pflanze constante Unterschiede zeigt. Deshalb möchte ich die Resultate dadurch veranlasster, eingehender und wiederholter Beobachtungen an dieser Stelle kurz anführen. Der Befund verschiedener Knospenbilder bedingte genauere Nachforschungen darüber, ob dasselbe Material diese geliefert hatte und die Untersuchung von mehreren Knospen derselben Pfl. Ununterbrochene Schnittserien ergaben alsdann, dass nach Austritt der Kn. aus der Erde und nach Abfallen der Niederbl. die ältesten Bl. manchmal erst im Stadium der beginnenden Entfaltung ihren Rand zurückbiegen, und dass, je älter die Knospen werden, diese Lagenveränderung stetig früher eintritt und sich gewissermassen von aussen in das Innere fortpflanzt, nie aber bis zu den jüngsten Blattanlagen gelangt. Diese zeigen stets zuerst Einwärtskrümmung. Somit dürfte wohl diese Erscheinung als eine mit der Entwicklung in Beziehung stehende zu betrachten und hier vielleicht die Vermutung gestattet sein, dass äussere Verhältnisse, sei es Einwirkung von Licht oder Luft, vielleicht mit anatomischen Eigentümlichkeiten zusammenwirkend, als Ursachen dieser Lagenveränderung in der Knospe zu betrachten sind.

Abgesehen von dieser interessanten Ausnahme muss man den hier untersuchten Inuleen eine gewisse characteristische

Knl. zuerkennen und zwar eine Knospenlage, die sie sogar von den meisten, ihnen sonst auch wieder am nächsten stehenden Astereen unterscheidet. — Das ist: einerseits die eigenartige Biegung und Berippung, andererseits, allerdings nicht allgemein, die eigentümliche Behaarung. [1])

8. Tubuliflorae Heliantheae.

Das Hauptmerkmal dieser Gruppe stellt nach O. Hoffmann auch hier der Griffel dar, dessen Schenkel oberhalb der Teilungsstelle mit einem Kranz langer Fegehaare versehen sind. — Der Pappus ist nicht haarförmig, aber der Blütenboden mit Spreublättern besetzt. Die Hüllbl. haben keinen trockenhäutigen Rand. — Die Blattstellung ist vorwiegend decussiert, aber auch spiralig, seltener quirlig. — Es sind vorwiegend Kräuter, Stauden und Halbsträucher.

Untersucht wurden:

Heliantheae-Millerinae.

Clibadium Ehrenbergii Gray.

Hel.-Melampodiinae.

Silphium perfoliatum L.—Hornemanni Schrad.—ternatum Retz. — integrifolium Mchx. — laciniatum L.

Lindheimera texana A. Gr. et. Engelm.

Parthenium integrifolium L. — alpinum T. G.

Melampodium divaricatum D. C.

Hel.-Ambrosiinae.

Iva xanthifolia Nutt.

Ambrosia maritima L.

Xanthium macrocarpum D. C. — orientale L. — strumarium L. — spinosum L.

Hel.-Zinniinae.

Zinnia elegans Jacq. — pauciflora L. — bicolor D. C. — tenuiflora Jacq. — grandiflora Nutt. — hybrida Sims.

Sanvitalia procumbens Lam. — ocymoides D. C.

Heliopsis scabra Dun. — laevis Pers.

Hel.-Verbesininae.

Siegesbeckia orientalis L.

Leptocarpha rivularis D. C.

Montanoa heracleifolia Gray.

Rudbeckia laciniata L. — speciosa Wender. — maculata Sims. — montana Gray. — purpurea L. (Echinacea

---

[1]) Vergl. Figurenerklärung.

Mchx.) — bicolor Nutt. — amplexicaulis Vahl. — californica Fisch.

Obeliscaria columnaris Cass.

Borrichia frutescens D. C.

Flourensia thurifera D. C.

Spilanthes oleracea Jacp. — Acmella L.

Actinomeris squarrosa Nutt. — helianthoides Nutt.

Helianthus annuus L. — tuberosus L. — Maximiliani Schrad. — giganteus L. — mollis Lam. — argophyllus Torr. et. Gray. — orgyalis D. C. — angustifolius L. — atrorubens L. — rigidus Desf. — pumilus Nutt. — tomentosus Mchx. — californicus D. C. — divaricatus L. — decapetalus L. — trachelifolius L.

Verbesina alata L. — crocata Less. — helianthoides Mchx. — encelioides Benth. et. Hook.

Hel.-Coreopsidinae.

Coreopsis auriculata L. — tinctoria Nutt. — tenuifolia Ehrb. — lanceolata L. — coronata Hook. — verticillata L.

Dahlia variabilis Desf. — imperialis Rözl.

Bidens tripartita L. — cernua L. — pilosa L. — leucantha Willd. — bipinnata L.

Cosmos bipinnatus Cav. — parviflorus H. B. K.

Hel.-Galinsoginae.

Galinsoga parviflora Cav.

Hel.-Madiinae.

Madia sativa Mol. — elegans Dun.

Die Blattstellung der Heliantheen ist sehr mannigfachen Schwankungen unterworfen, welche sich auch auf die Knl. entsprechend übertragen. Deshalb erscheint es geraten vor der eigentlichen Betrachtung derselben entsprechende Gruppierung vorzunehmen.

Bei vielen Arten mit gegenst. Bl. tritt oft schon sehr früh die Spiralstellung als Übergang zur Blütenbildung ein. Oft leiten 3- oder 4 zählige Quirle wiederum erst zur Spirale über: — andererseits bleibt, im normalsten Fall, die decussierte Stellung bis unter die Blüte erhalten. Hiernach unterscheidet man am besten 3 Fälle:

a. Heliantheen mit bleibend decuss. Blattstellung.

b. Übergang zur Spirale.

c. Typische Spiralstellung.

a. Arten mit bleibend decuss. Blattstellung.

Die hierher zu zählenden Pflanzen behalten ihre ursprüngliche Blattstellung dauernd bei und nur die Glieder der

Blütenstände selbst sind spiralig angeordnet. Der Blütenstand ist bei diesen Arten meist lang oder wenigstens deutlich gestielt, d. h. er befindet sich in einem gewissen Abstande über dem letzten Blattpaare, während bei den später zu besprechenden Formen ein allmählicher Übergang von den Laubbl. zu den Involucralbl. zu erkennen ist.

Hierher gehören:

a1) Silphium. — (Alle Arten ausser S. laciniatum L.) Verbesina crocata Less. — Coreopsis (alle Arten), Dahlia, Bidens, Cosmos.

a2) Melampodium, Zinnia, Sanvitalia, Heliopsis, Siegesbeckia, Montanoa, Borrichia, Spilanthes, Galinsoga.

Diese Vertreter der Heliantheen zeigen wiederum zweierlei Verhalten in der Knl. ihrer Laubbl., dem die vorstehende Einteilung in a1 und a2 entspricht.

1. Beiderseitige abwechselnde Deckung der einander gegenüberstehenden Bl. — Die Spreiten zeigen demgemäss in der Kn. nur Neigung sich einwärts zu biegen. Dies gilt für die Arten unter a1.

Die schönsten und regelmässigsten Querschnittsbilder liefert die Gattung Coreopsis, die auch in ihrem sonstigen Habitus, abgesehen von den fein gefiederten Bl. bei C. tenuifolia Ehrb. grosse Übereinstimmung zur Schau trägt. — Hier entstehen die Bl. als kleine, etwa mit abgestumpften gleichschenkligen Dreiecken vergleichbare Organe an entgegengesetzten Stellen des Vegetationskegels, deren seitliche Ränder zunächst bei allmählicher Verbreiterung nur geringe Biegung erkennen lassen. Erst wenn die Breite des jungen Blattes etwa $\frac{1}{4}$ des peripherischen Raumes einnimmt biegt der Rand deutlich nach innen. Wenn dann die Ränder der einander gegenüberstehenden Bl. sich berühren, wachsen sie aneinander vorbei, indem je ein Rand des einen Bl. den entsprechenden des anderen deckt. (Fig. 9). Meist beobachtet man an derselben Pflanze Regelmässigkeit der so entstandenen Deckung, indem beispielsweise die rechte Spreitenhälfte die linke des anderen Bl. überwächst. Dasselbe gilt für Verbesina crocata Less. und Cosmos. Silphium perfoliatum verhält sich ebenso, während die anderen hierhergehörigen Arten schon nicht mehr ganz normal scheinen, indem häufig an ganz beliebigen Stellen statt der Blattpaare Wirtel in 3- oder 4-Zahl auftreten.

Die gefiederten Bl. von Dahlia verhalten sich normal. Hier stellen sich auch die entsprechenden Blättchen desselben

Blattes zu einander, wie 2 ganze Blätter der vorhergehenden Gattungen; doch ist die Deckung weniger regelmässig. (Fig. 11.)

Bidens weicht insofern etwas ab, als die Spreitenränder stärker einwärts biegen, dadurch fehlt meist eine eigentliche Deckung. Ausserdem sind bei den gefiederten Blättern die Blättchen wenig regelmässig angeordnet. (Fig. 12 giebt die hier auftretenden Verhältnisse schemat. wieder.)

2. Die Spreiten decken sich nicht, indem sie übereinander fortwachsen, sondern indem sie bei gegenseitiger Berührung anfangen, in gleicher Weise nach aussen fortzuwachsen, wie es bei den Eupatorieen bereits beschrieben wurde. (Fig. 10.) Hier entsteht dann ebenfalls eine flache Deckung der entsprechenden Blätter, insofern diese nicht durch die nächstfolgenden Blattpaare von einander entfernt resp. in der Mitte von einander gedrängt werden. (Fig. 10a.)

b. Der Übergang von der decuss. zur spiraligen Blattstellung ist durch die Gattung Helianthus selbst, ferner durch Iva xanthifolia Nutt. und Clibadium vertreten. Er findet statt, wie schon gesagt, direkt oder durch Quirle. Letzterer Fall ist der seltnere, kann aber auch bei allen Arten, ausser bei Helianthus annuus, wo er nicht beobachtet wurde, auftreten. (Helianthus mollis und trachelifolius sind von Diez[1]) entlehnt, können deshalb in dieser Beziehung nicht in Betracht kommen.) — Nicht selten kommen bei Helianthus nur 2 oder 3 Blattpaare zur Entwicklung, doch findet man daneben Exemplare, die ihre ursprüngliche Blattstellung ziemlich lange beibehalten. Dies kann man besonders häufig an weniger schnell und kräftig entwickelten Trieben der perennierenden Arten beobachten, während schnell und kräftig herangewachsene Exemplare die decuss. Stellung schon sehr früh aufgeben. — Bei dem direkten Übergang in die Spirale scheinen die aufeinanderfolgenden Blätter noch an entgegengesetzten Stellen des Vegetationskegels zu entstehen, wenigstens spricht dafür die verschiedene Grösse der in der Knospe sich noch gegenüberstehenden Blätter.[2]) Die Knl. stimmt mit der unter a2 angegebenen völlig überein, so lange sich die Blätter noch

---

[1]) Vergl. Diez, Flora 1887.
[2]) Vergl. Hofmeister, Morphol. pag. 471. Abs. 1, (über succedane Entstehung der Quirlglieder).

gegenüberstehen. Das Grundverhalten bleibt aber durch die Lage des einzelnen Blattes bei Beginn der Spirale und auch in höheren Stadien noch deutlich erkennbar. Zunächst, d. h. bei Beginn der abwechselnden Anordnung, liegen auch die nicht mehr gegenst. Blätter, vermöge geringer entsprechender Biegung ihres Stieles, mit den Spreiten flach gegeneinander; manchmal treten da, wo die Spreiten sich nicht mehr decken können, ganz abnorme Drehungen ganzer Blätter in spiraliger Richtung um einander herum auf; häufiger jedoch nehmen später die jungen Blätter schon sehr früh eine völlig verticale Stellung ein. Dadurch kommen die jüngsten Blätter oder schon Blütenorgane in eine trichterartige Vertiefung zu liegen. Häufig ist in entwickelten Spiralstadien der äusserste Blattrand mehr als sonst zurückgebogen. Diese Rückwärtskrümmung erfährt eine Steigerung bei den mehrzähligen Wirteln· Meist stehen 3 Blätter auf gleicher Höhe. Ihre starke Rückbiegung, welche ein, dem Vernonieentypus ähnliches Bild gewährt, ist durch Beschränkung derselben auf den ursprünglich für 2 Blätter bestimmten peripherischen Raum zu erklären, ähnlich wie die Blattlage der Quirle von Eupatorium purpureum und maculatum.

    c. Typische Spiralstellung zeigen:
        Silphium laciniatum L. — Lindheimera. — Parthenium.
        — Ambrosia. — Xanthium. — Leptocarpha. — Rud-
        beckia — Obeliscaria. — Flourensia. — Actinomeris.
        — Verbesina alata L. — V. encelioides Benth. et. H.
        — V. helianthoides Mchx. u. Madia.

Auch hier lassen sich wiederum 2 Fälle unterscheiden.

    1. Convol. bis invol. Knospenlage; entsprechend den unter a1) angeführten Arten mit gegenständigen Blättern. Hierhin gehören:
        Silphium laciniatum L. — Parthenium. — Rudbeckia.
        — Flourensia. — Ambrosia. — Obeliscaria.

    2. Neigung zu flacher Deckung bei revolut. Knospenlage.

Lindheimera, Xanthium u. Leptocarpha entsprechen am meisten den unter b. besprochenen Verhältnissen, denn bei ihnen tritt sowohl decuss. als spiralige Blattstellung auf. Während aber bei Lindheimera u. Leptocarpha hierin keine Regelmässigkeit herrscht, nur bei ersterer vorzugsweise die oberen Blätter gegenständig sein können, entspricht Xanthium insofern der Gattung Helianthus und deren nächst verwandten Arten, als die ersten 2 bis 6 Blätter meist gegenständig sind und auch sich genau, wie die unter a ɔ) und b. zu einander stellen. — Die 3 angeführten Arten von Verbesina und Madia ähneln in ihrer Knospenlage am meisten den Calenduleen, während Actinomeris sich von den untersuchten Vernonieen in nichts unterscheidet.

6. Tubuliflorae Helenieae.

Der Griffel ist in dieser Gruppe wenig charakteristisch und mannigfachen Abänderungen unterworfen. Die Helenieen unterscheiden sich von den Heliantheen hauptsächlich durch den spreublattlosen Blütenboden und durch die ein- bis wenigreihigen krautigen, selten trockenhäutigen Hüllblätter. Der Pappus fehlt oder ist schuppig oder borstig. Es sind Kräuter, seltener Halbsträucher oder Sträucher mit abwechselnden oder gegenständigen, bei den Tagetinen mit ein- bis mehrfach fiederförmigen, oft drüsig punktierten, sonst meist ungeteilten Blättern.

Untersucht wurden:

Helenieae-Heleninae.

Lasthenia glabrata Ldl.

Palafoxia texana D. C. — Hookeriana Gray. — cernua Lag.

Bahia ambrosioides Lag.

Cephalophora aromatica Schrad. (Helenium n. O. Hoffm.)

Hymenoxys californica Hook. (Actinella nach O. Hoffm.)

Helenium autumnale L. — Hoopesii Gray. — Bolanderi Gray. — integrifolium Benth. et. Hook.

Gaillardia hispida L. — picta Dun. — Rözlii D. C. — Amblyodon Gray. — aristata Pursh. — lanceolota Mchx. — pulchella Fouq.

Hel. Tagetinae.

Tagetes patulus L. — lucidus Cav. — erectus L.

So wenig regelmässig die Knospenlage dieser Vertreter beim ersten Anblick erscheint, so lässt sich ihr doch bei vergleichenden Beobachtungen ein gewisses charakteristisches Gepräge nicht absprechen. Zunächst stehen die hier angeführten Helenieen mit Ausnahme von Lasthenia glabrata Ldl. hinsichtlich ihrer Knospenlage den Astereen und Inuleen insofern am nächsten, als der Entfaltung nur peripherisch-involutive Anordnung und Wachstumsrichtung vorangeht, ferner treten auch die Blattnerven hier, wie besonders bei den Inuleen ziemlich stark hervor. Die Deckung entspricht ebenfalls den genannten Gruppen, bleibt aber mit Ausnahme von Helenium autumnale meist hinter dem Durchschnitt derselben zurück, soweit man hier überhaupt das Wort „Deckung" in dem bisherigen Sinne anwenden kann. Die oben erwähnte Unregelmässigkeit bezieht sich auf diese Verhältnisse, und sie ist es auch in ihrer regelmässigen Wiederkehr, die es ermöglicht, die hier angeführten Helenieen mit spiraliger Blattstellung von den Astereen und Inuleen zu unterscheiden. Deshalb ist es auch von Interesse, diese Eigentümlichkeiten näher zu betrachten. Die Knospenlage auf jungen Schnitten, vielleicht aus dem ersten Drittel über dem Vegetationspunkt (man denke sich die Knospe vom Vegetationspunkt aufwärts bis zur Spitze in 3 gleiche Teile zerlegt) weicht kaum von denen der Astereen oder Inuleen in entsprechenden Knospenregionen ab. Hier deckt ein Blatt mit seiner inneren, d. h. in der Spirale dem Vegetationspunkt am nächsten liegenden Blatthälfte[1]) meist den anderen Rand des vorhergehenden Blattes mehr oder weniger und wird andererseits ebenso vom nächst älteren gedeckt. (Fig. 15.) Schon im zweiten Drittel aber beginnen die einzelnen Blätter, indem ihre Ränder sich mehr oder minder stark einwärts krümmen, sich von einander zu entfernen und dadurch eine lockere Knospe zu bilden. Diese Lockerung sowie auch das involutive Wachstum, schreitet stetig weiter fort. Dadurch kommen schliesslich in dem letzten Drittel und besonders kurz vor der Entfaltung die eigentümlichen Lagen der Blätter zu einander zu Stande, wie sie in Fig. 16 u. 17 wiedergegeben sind. Wenn man z. B. das jüngste Blatt eines Querschnittes mit 1 und die älteren entsprechend der steigenden Zahlenreihe bezeichnet, sind folgende Deckungen nicht selten: 3 umschliesst 1 völlig, 2 liegt ausserhalb 3 und wird ganz oder teilweise von 4 eingeschlossen, welches dann wiederum von 5 mehr oder weniger gedeckt resp. umfasst wird (Fig. 16.) — oder: 1, 2, 3 stehen in gar keinem eigentlichen Deckungsverhältnis zu einander und 2 kann sogar ausserhalb der Spirale von 4 liegen. (Fig. 17.) Da diese Erscheinungen in ihrer Unregelmässigkeit bei allen Helenieen abgesehen von Tagetes, Bahia ambrosioides Lag. und Lasthenia glabrata Ldl. fast ausnahmslos auftreten, glaubte ich sie als ein charakteristisches Gruppenmerkmal betrachten zu dürfen, soweit die geringe Zahl der untersuchten Formen hier, wie auch in verschiedenen anderen Gruppen, derartige Annahmen gestattet. — Über Bahia ambrosioides ist wenig zu sagen. Sowohl die Hauptblätter als auch die Fiedern sind meist einfach gefaltet, d. h. die Spreitenhälften eines Blattes oder

---

[1]) Vergl. pag. 24 oben.

Blättchens stehen unter einem Winkel von weniger als 180° zu einander gebogen. Die Blättchen liegen innerhalb der Blattrippe resp. des Blattstieles des dazugehörigen Endblättchens. — Lasthenia, sowie die beiden ersten Arten von Tagetes lassen überhaupt nur schwer ein Querschnittsbild erkennen, schliessen sich aber, wie auch hinsichtlich ihrer decussierten Blattstellung, wie Tag. lucida Cav. den Heliantheen und zwar der zuerst besprochenen Gruppe derselben an.

7. Tubuliflorae Anthemideae.

Der Griffel ist oberhalb der Narbenendigung abgestutzt oder mit einem Kranz von Fegehaaren versehen. Von den Heliantheen und Helenieen sind sie hauptsächlich durch den trockenhäutigen Saum der Hüllblätter unterschieden, ferner auch durch den fehlenden oder verkümmerten Pappus. Es sind Sträucher oder häufiger Kräuter, aber auch vereinzelt Bäume mit abwechselnden meist ein- bis mehrfach fiederteiligen Blättern.

Untersucht wurden:

Anthemideae — Anthemidinae.

Santolina Chamaecyparissus L.

Anthemis nobilis L. — tinctoria L. — austriaca Jacq. — Cota L. — arvensis L. — Cotula L. — nana D. C. — Triumfetti All. — ruthenica M. B. (D. C.). — Aizoon Grsb.

Anacyclus officinalis Hayne.

Achillea Ptarmica L. — Millefolium L. — cartilaginea Ledebour. — nobilis L. — albicaulis C. A. Meyer. — lanata Spreng. — tanacetifolia All. — alpina L. — nana L. — coronopifolia Willd. — filipendula Lam. — macrophylla L. — Clavennae Willd (L). — ageratifolia L. — Eduardi Spreng. — Trautmannii Cass. — micrantha L.

Anthemideae-Chrysantheminae.

Chrysanthemum frutescens L. — segetum L. — Myconis L. — Leucanthemum L. — corymbosum L. — carinatum Schousb. — parthenicum Bernh. — inodorum L. — coronarium L. — alpinum L.

Tanacetum vulgare (L.).

Matricaria Chamomilla L. — discoidea D. C.

Artemisia campestris L. — Dracunculus L. — gallica Willd. — taurica Bieb. — maritima L. — arborescens L. — salina Willd. — hololeuca Bieb. — Valisiae All. — cotula D. C. — scoparia W. K. — vulgaris L. — selengensis Turcz. — Purshiana Bess. — Abrotanum L. — Absynthium L. — pontica L. — austriaca Jacq. — rupestris L.

Pyrethrum[1]) roseum Bieb. — Balsamita Willd. — corym-bosum Willd. — macrophyllum L.

Mit Ausnahme von Achillea Ptarmica, Chrysanthemum Leucanthemum, Chr. segetum, Artemisia Dracunculus und Pyrethrum Balsamita haben alle untersuchten Arten geteilte Blätter. Die genannten Ausnahmen, wie man Anthemideen mit ganzen Blättern wohl nennen kann, entsprechen völlig bez. der Knospenlage den Astereen mit mittlerer Deckung. Manchmal entstehen durch sehr lockere Knospenlagen Querschnittsbilder, welche an die der typ. Helenieen erinnern; so besonders bei Chrysanthemum Leucanthemum L. und Achillea Clavennae Willd.

Da die geteilten Blätter hier als die typischen und gewöhnlichen auftreten, erscheint es angebracht, an dieser Stelle die Knospenlage der gefiederten Blätter überhaupt etwas näher zu besprechen. Die Anlage der Fiedern erfolgt nach Trécul und anderen Beobachtern, wie es Verfasser selbst durch seine Untersuchungen bestätigt fand, schon in sehr frühen Stadien, also meist bevor am Blattrand irgend welche stärkere Krümmungen stattgefunden haben. Dementsprechend liegen die jungen Fiedern zunächst stets in der seitlichen Verlängerung der Spreitenquerschnitte. Ich verweise auf das bereits nach Hofmeister[2]) im litterarischen Teil Citierte. Die von Hofmeister gemachten Angaben treffen zunächst mit den eben besprochenen Entwicklungsstadien zusammen. Wenn aber Hofmeister damit auch eine Regel für die älteren Knospenstadien geben wollte, so wären fast sämtliche geteilten oder gefiederten Blätter der Compositen Ausnahmen hiervon, denn in den normalsten Fällen liegen die Blättchen oder Blattteile in älteren Stadien entweder ausserhalb oder innerhalb der eigentlichen Blattachse. Letzteres ist Regel bei den hier zunächst in Frage kommenden Anthemideen. — Man kann an successiven Schnitten verfolgen, wie die Blättchen aus der ursprünglichen Blattebene allmählich

---

[1]) Pyrethrum Grtn. nach Benth. u. Hook. u. O. Hoffm. Untergattung von Chrysanthemum.

[2]) Vergl. pag. 12 dies. Arb.

nach innen rücken: wie sie sich ziemlich in demselben Masse wie das Endblättchen einwärts krümmen und so schliesslich innerhalb des sich verbreiternden Hauptblattes oder Endblättchens resp. dessen Stieles zu liegen kommen. Hierbei werden die jüngsten resp. äussersten Teile jetzt die innersten, der Mittelachse nächsten.

Es lässt gerade diese letztere Erscheinung darauf schliessen, dass die Veränderung der ursprünglichen Lage dieser Teile nicht nur passiv durch die Verbreiterung des Hauptblattes, sondern vorzugsweise durch aktive Lagenveränderung der Blättchen zu erklären ist, indem nämlich entweder sie selbst oder ihre Stiele sich aus ihrer Vertikalstellung nach innen biegen oder richten. Bei typisch revolutiver Knospenlage erklärt sich auf gleiche Weise die Gruppierung der Blättchen ausserhalb der gemeinsamen Blattachse. Dieses Verhalten findet man bei den Senecioneen.

Um speciell wieder auf die hier in Rede stehenden Anthemideen zurückzukommen, so gilt hier auch insofern das schon für Dahlia Gesagte, als bei schwach gefiederten Formen die entsprechenden Fiedern der beiden Blatthälften einander gegenüber liegen und bald mit ihren Spreitenhälften sich abwechselnd decken, bald auch eine weniger regelmässige Anordnung (Fig. 21) zeigen. — Die Blättchen sind gerade aufwärts gerichtet und scheinen makroskopisch innig an die Blattachse angeschmiegt. In den weitaus häufigeren Fällen aber zeigen die Querschnitte wenig Regelmässigkeit und ausserdem sind genaue Beobachtungen, besonders bezüglich der Lagerung der Fiedern, meist infolge der ausserordentlich dichten Behaarung und der dadurch bedingten Zusammenhanglosigkeit der Fiedern sehr erschwert.

Nur Artemisia vulgaris (Fig. 22) stellt hier eine Ausnahme dar, indem die Fiederspreiten meist deutlich zurückgebogen sind, ohne dass aber damit eine Veränderung der sonstigen Knospenverhältnisse bedingt wäre; vielmehr behalten die Blättchen ihre normale Lage bei. Dies ist besonders in Rücksicht auf das oben für deren Lage bei revolutiver Knl. Gesagte und auf die später zu besprechenden und oben bereits angedeuteten Verhältnisse bei den Senecioneen erwähnenswert. Andererseits folgt daraus, dass ebenso, wie z. B. bei Antennaria margaritacea, die revolutive Wachstumsrichtung der Blättchenränder, besonders aber der Endblättchens erst secundär eintritt. Bei Santolina Chamaecyparissus kann man von einer Knl. nicht gut reden, da die Blättchen hier durch eigentümlich angeordnete keulenartige Gebilde dargestellt werden.

So weit bei diesen complicierten Blättern eine übereinstimmende Knl. überhaupt denkbar ist, sind die Bedingungen hierfür erfüllt und nur Artemisia vulgaris bildet eine Ausnahme.

8. Tubuliflorae Senecioneae.

Der Griffel gleicht dem der Heliantheen, die Hüllblätter sind einreihig, frei, mit kleinen, äusseren Schuppen. (Unterschied von Astereae und Helenieae), der Pappus ist im Gegensatz zu den 3 vorhergehenden Gruppen haarförmig. — Es sind Kräuter oder Halbsträucher, aber auch Sträucher und Bäume mit vorwiegend spiraliger Blattstellung.

Untersucht wurden:

Senecioneae-Senecioninae.

Schistocarpha bicolor Less.

Tussilago Farfara L.

Petasites albus Gärtn. — frigidus L. — niveus Cass. — tomentosus D. C. — officinalis Mnch. — Deschmannii Kern.

Homogyne alpina L. — discolor Jacq.

Erechthites valerianaefolia D. C. — arguta D. C. — hieraciifolia Raf.

Arnica montana L. — Chamissonis Less.

Doronicum lucidum L. — glaciale Nym. — cordifolium L. — Pardalianches L. — austriacum Jacq. — macrophyllum Fisch. — caucasicum M. Bieb. — cordatum Kern. — scorpioides Cass.

Gynura aurantiaca Cass.

Cineraria maritima L. — hybrida Willd. — geifolia L. — palustris L. — capitata Whlbg. — spathulifolia Gmel.

Cacalia hastata L. — suaveolens L.

Senecio vulgaris L. — viscosus L. — silvaticus L. — Jacobaea L. — erucifolius L. — sarracenicus L. — Cineraria D. C. — crispatus D. C. — äthnensis Jacq. — leucophyllus D. C. — spathulifolius D. C. — cacaliaster Lam. — aquaticus Huds. — vernalis W. K. — quinqueradiatus Boiss. — nemorensis L. — subalpinus Koch. — paludosus L. — coronopifolius Desf. — Flichii Grieb. — cordatus Koch. — umbrosus W. K.

Emilia sonchifolia D. C. — flamma Cass. — sagittata
D. C.

Ligularia speciosa L. — macrophylla D. C. — sibirica
Cass. — japonica Less. (Erytrochaete palmatifida Cav.)

Die Knl. der Senecioneen erinnert im Wesentlichen an die
der Vernonieen, der sie im Falle geringer Rückrollung gleich-
zustellen ist.[1]) Meist jedoch erreicht die revolutive Lage weit
höhere Ausbildung und führt zu rückseitiger spiraliger Einrollung oder bei einigen Arten zu rückseitiger Deckung der
Spreitenhälften desselben Blattes. Der erstere Fall kann als
Norm gelten, ihm entsprechen die angeführten Arten von Senecio,
die von Erechthites, Cacalia, Emilia und Ligularia, sowie
Cineraria und in gewissem Sinne Gynura. Die stärkste rückseitige Einrollung zeigt Ligularia macrophylla D. C. (Fig. 19).

Die Arten mit ganzen oder geteilten Blättern stimmen
entsprechend überein. Die Fiedern liegen aber nicht, wie bei
den Heliantheen und Anthemideen innerhalb, sondern entsprechend der revolut. Knl. ausserhalb des gemeinsamen Blattstieles. Dies ist insofern von besonderem Interesse, als die im
vorigen Kapitel erwähnte Artemisia vulg. trotz revolutiver Blattlage sich gerade umgekehrt verhält und dadurch auch noch
den Senecioneen gegenüber ihre Zugehörigkeit zu den Anthemideen kennzeichnet. — Bei Gynura, wo eigentliche Rückrollung
überhaupt nicht vorkommt, stellen sich die ältesten Blätter
ähnlich wie bei Helianthus[2]) beim Übergang in die Spiralstellung flach gegeneinander und zeigen nur zurückgebogene,
nicht gerollte Ränder. Etwas anders verhalten sich die
Gattungen Tussilago, Petasites und Homogyne. — Bei diesen
tritt eine eigentliche Rückrollung nur ausnahmsweise ein;
meist wächst die eine Spreitenhälfte rückwärts über die andere
hinweg und beide schliessen die sehr stark hervortretende Mittelrippe ein (Fig. 20). — Bei Petasites[3]) und Tussilago findet
ausserdem in den ältesten Stadien häufig vielfache Faltung der
Spreiten statt, sodass dieselben auf den Schnitten einem hin-
und hergebogenen Faden mit kleinen Knoten (Blattnerven) zu
vergleichen sind.

Ganz eigenartige Verhältnisse zeigt Ligularia japonica Less.
Das Blatt biegt hier schon in den jüngsten Stadien mit seiner
Spitze direkt aussen herunter, während der Blattstiel aufrecht

---

[1]) Vergl. pag. 18. Vernonieen und Figurenerklärung.
[2]) Vergl. pag. 30 Helianthus etc.
[3]) Vergl. auch pag. 9, Petasites.

weiterwächst. Dadurch kommt die Blattunterseite nach innen zu liegen und umschliesst mit ihren Teilen den Stiel, den sie fingerhutartig, um mich eines von Diez[1]) benutzten Vergleiches zu bedienen, deckt. — Die Teile des handförmig gefiederten Blattes verhalten sich, dem allgemeinen Senecioneencharakter entsprechend, revolutiv. Auf Querschnitten umgeben die kleinen revolutiv nach innen gebogenen Blättchen kranzförmig eine runde Scheibe, den Blattstiel und werden ihrerseits von dem scheidenartig verbreiterten Blattstiel des nächst älteren Blattes völlig umschlossen.

Die Blätter von Arnica sind grundst. und stehen abwechselnd paarweise einander gegenüber. Die Knl. entspricht völlig der für die Heliantheen unter a 1 beschriebenen. (Fig. 9.)

Diese Gattung steht mithin bezüglich ihrer Knl. und Blattstellung den Senecioneen sehr fremd gegenüber und gestattet die Frage, ob ihre Zugehörigkeit zu dieser Gruppe eine so zweifellose ist, dass die in Blattstellung und Knl. auftretenden fremdartigen Erscheinungen nicht mehr in Betracht kommen können. Eine solche Frage liegt gerade an dieser Stelle um so näher, als den Senecioneen 3 Gattungen angehören, welche früher meist zu den Eupatorieen gerechnet,[2]) aber schon (vor 42 Jahren) von Döll[3]) dort wegen ihrer abweichenden Knl. als Curiosa angesprochen wurden. — Es sind dies die Gattungen Tussilago, Petasites und Homogyne, welche einerseits wegen des bei ihnen primär auftretenden revolutiven Wachstums, andererseits aber gerade wegen der hohen Stadien, welche dasselbe hier erreicht, den typischen Eupatorieen auch in der Knl. sehr fernstehen. Am nächsten unter den Eupatorieen und vielleicht überhaupt stehen ihnen meines Erachtens nahe die Gattungen Ophryosporus und Adenostyles[4]), welche ihrerseits auch bezüglich ihrer Knl. mit den Eupatorieenverhältnissen in gewissem Konflikt stehen. Dasselbe dürfte auch hinsichtlich des allgemeinen äusseren Habitus zutreffen.

Die Gattung Doronicum weicht hinsichtlich ihrer Knospenlage völlig von der der übrigen Senecioneen ab, da dieselbe stets convolutiv ist. (Fig. 14.)

---

[1]) Diez, Flora 1887.
[2]) Vergl. auch Potonié, Illustrierte Flora von Deutschland. pag. 539. (1889.)
Vergl. auch Lessing, Synopsis generum Compositarum, pag. 156 ff.
[3]) Vergl. Döll, Bad. Flora.
[4]) Vergl. pag. 20.

Abgesehen von dieser letzteren Gattung und von Arnica zeichnet die Senecioneen somit eine stark revolutive Knl. aus, welche es gestattet, dieselben von sämtlichen bisher besprochenen und auch fast allen nachfolgenden Gruppen, mit Ausnahme der Vernonieen mit ziemlicher Sicherheit zu unterscheiden.

9. Tubuliflorae Calenduleae.

Der Griffel der Calenduleen ist ungeteilt. Die Köpfchen haben weibliche Randblüten und unfruchtbare actinomorphe Scheibenblüten. Der Blütenboden ist ohne Spreublätter, und ein Pappus fehlt. Es sind ein- oder mehrjährige Kräuter.

Leider konnten von dieser Gruppe, die nur 8 Gattungen umfasst, nur die 5 Arten:

Calendula arvensis L. — pluvialis L. — stellata Cass.
„ officinalis L. — maritima Gruss.
untersucht werden.

Die Blätter dieser Arten stehen spiralig und liegen in einer lockeren Knospe dementsprechend angeordnet. Nur in den frühesten Stadien sind die Blattränder etwas nach innen gebogen. In älteren Schnitten bilden die Blatthälften entweder eine Ebene oder stehen, selbst ungebogen, unter einem Winkel gegeneinander geneigt. (Fig. 23.) Manchmal, besonders kurz vor der Entfaltung, sind die äussersten Ränder etwas zurückgekrümmt. Unverkennbar ist an älteren Blättern das Bestreben der Blätter, sich, wie bei Helianthus[1]) und Gynura.[2]) flach gegeneinander zu legen, wie es auch an den ältesten Blättern stets zur Durchführung kommt. Hierbei findet, wie im entsprechenden Fall bei obigen Gattungen, eine Drehung oder mindestens Biegung des Blattstieles statt.

Ob dieses Verhalten der angeführten 5 Arten als charakteristisch für die ganze Gruppe gelten kann, bedarf noch einiger Bestätigung durch Untersuchung weiterer Arten. Eine gewisse Eigenartigkeit kann man der Knospenlage dieser 5 Calenduleen nicht absprechen.

10. Tubuliflorae Arctotideae.

Der Griffel ist geteilt und unterhalb der Teilungsstelle verdickt oder mit einem Kranz von Fegehaaren versehen. Die

[1]) Vergl. pag. 30. Heliantheae.
[2]) Vergl. pag. 62. Senecioneae.

Randblüten sind zungenförmig, weiblich und steril. — Der Pappus ist meist schuppig oder auch haarförmig. — Es sind Kräuter oder Sträucher mit fast ausnahmslos wechselständigen Blättern.

Auch hier standen leider nur 4 Gattungen zu Gebote:

Arctotideae-Arctotidinae:

Ursinia speciosa D. C.
Arctotis acaulis L.
Haplocarpha lanata Less.

Arctot.-Gorterinae:

Gazania speciosa Less. — pavonia R. Brown.

Von einer „Foliatio" im eigentlichen Sinne kann man hier nicht gut sprechen, da bei Ursinia, Haplocarpha und Gazania meist nur eine Blattspreite auf einem Querschnitt getroffen wird. — Bei Arctotis, wo diese Verhältnisse nicht viel anders sind, erschwert die überaus starke Behaarung und die weiche Konsistenz der Blätter die Untersuchung sehr erheblich.

Was die „Vernatio" betrifft, so stehen sich Ursinia und Gazania einerseits und Arctotis und Haplocorpha andererseits gegenüber. Die beiden ersten Gattungen sind revolutiv; ihre Querschnittsbilder erinnern am meisten an die von Adenostyles insofern, als meist ein allerdings weniger stark revolutives Blatt von einer Blattscheide umschlossen wird. — Bei Gazania zeigen ferner die Spreiten vor der Entfaltung dasselbe Bestreben, sich flach gegeneinander zu legen, wie bei der Gattung Helianthus und Calendula in gewissen Fällen.

Die beiden anderen Gattungen sind convolutiv bis involutiv. Besonders stark involutiv ist Haplocarpha, bei der in manchen Fällen Einrollung der Blattränder stattfindet.

An genügend jungen Exemplaren von Arctotis findet man Knospen, deren Querschnitte noch mehrere Blätter auf einmal enthalten. Dann sind die Lagerungsverhältnisse derselben zu einander ähnlich denen schwach deckender Astereen; bezüglich der die Spreiten einschliessenden und von einander isolierenden Haarpolster, ähnlich denen mancher Inuleen. Ausserdem sind die Blatthälften wenig gebogen und liegen einfach in einer Ebene. d. h. bilden zusammen fast eine gerade Linie.

11. Tubuliflorae Cynareae.

Der Griffel ist wie bei den Arctotideen. Die Köpfchen sind homogam oder haben ungeschlechtliche, seltener weibliche, nicht zungenförmige Randblüten. Der Blütenboden ist meist borstig. — Es sind meist Kräuter oder Halbsträucher mit vorwiegend spiraliger Blattstellung.

Untersucht wurden:

Cynareae-Echinopsidinae.

Echinops canaricus Scop. — cornigerus Willd. — dahuricus Fisch. — sphaerocephalus L.

Acantholepis orientalis Less.

Cynar.-Carlineae.

Xeranthemum annuum L.

Carlina vulgaris L. — acaulis L.

Cynar.-Carduineae.

Arctium tomentosum Schrank. — Lappa L. — minus Schrank. — nemorosum Lejeune.

Cousinia hystrix Meyer.

Saussurea alpina D. C.

Jurinea Pollichii Fr. — albata Cass. — cyanoides L.

Carduus nutans L. — acanthoides L. — defloratus L. — cernuus Hook. (Alfredia Cass.) — tenuiflorus Curt. — crispus L. — microcephalus Uechtr. — multiflorus Gaud.

Cirsium lanceolatum Scop. — eriophorum Scop. — canum M. B. — arvense Scop. — rivulare L. K. — acaule All. — oleraceum Scop. — heterophyllum All. — lanceolatum L. — altissimum L.

Cnicus benedictus Cass.

Cynara Scolymus L. — Cardunculus L.

Silybum Marianum (D. C.) Gaertn.

Onopordon Acanthium L. — tauricum Benth. — heteracanthum Meyen.

Cynar.-Centaureinae.

Serratula tinctoria L. — quinquefolia Bieb. — Solidago L. — coronata L.

Leuzea conifera D. C.

Centaurea maritima Dufour. — paniculata L. — ruthenica Benth. — Jacea L. — orientalis L. — phrygia L. — semi-Jacea L. — transalpina Bieb. — Verutum L. — flavescens Willd. — Scabiosa L. — nigra L. — Lippii L. — sphacrocephala L. — montana L. — dealbata Willd. — Kartschiana L. — Fenzlei Willd. — calocephala L. — Cyanus L. — solstitialis L. — Calcitrapa L. — alpina L. — cinerea Lam. — africana Lam. — Biebersteinii Hoffm. — rhenana Boreau. — nigrescens Willd.

Carthamus tinctorius L. — lanatus L.
Koelpinia linearis W. K.

Von diesen untersuchten 19 Gattungen sind die meisten
Arten mit ganzen Blättern convolutiv — involutiv und den
Astereen in der Knospenlage am nächsten verwandt; nur
Xeranthemum annuum, Cousinia hystrix, Jurinea albata, Carduus cernuus (Alfredia Cass.), Saussurea alpina und Centaurea
solstitialis sind revolutiv. Die convolutive Knospenlage tritt
jedoch in sehr verschiedenen Modifikationen auf, die ihrerseits
aber auch an derselben Species nicht immer constant sind.
Die mittlere Deckung (Fig. 2—3) ist die häufigste dann, wenn
keine starke Einwärtsbiegung der Blattränder erfolgt. Letztere
findet sich hier aber weit häufiger, als bei den Astereen; besonders oft und regelmässig kann man sie bei den ganzblättrigen
Arten von Carduus, Cynara, Silybum, Arctium, Carthamus und
Serratula beobachten.

Bei Arctium haben die oberen Knospenquerschnitte ein
ganz specifisches Aussehen, indem die beiden Blatthälften des
ältesten Blattes, rechtwinklig von der starken Mittelrippe nach
innen geneigt, fast parallel zu einander verlaufen und sich mit
ihren Rändern dadurch berühren und die Knospe abschliessen,
dass dieselben scharf eingebogen sind.

Die gefiederten und geteilten Blätter der Cynareen sind
in der Knospe meist revolutiv und zwar liegen, wie bei den
Senecioneen, die Blattteile ausserhalb der Hauptspreite. Gleich-
zeitig verleihen aber die stark hervortretenden Blattnerven dem
Bilde ein um so charakteristischeres Aussehen, als die zwischen
ihnen liegenden Spreitenteile stark gebogen sind und dadurch
die Rippen meist nahe an einander zu liegen kommen. (Fig. 24.)

Cirsium rivulare, C. oleraceum und Serratula quinquefolia
sind involutiv und zeigen sehr regelmässige Lagerungsverhältnisse auf den Querschnitten, die besonders schön bei Serratula
quinquefolia zu beobachten sind. (Fig. 25.)

In dieser Gruppe steht somit die Knospenlage der meisten
ganzen Blätter im Gegensatz zu der der geteilten, indem die
ersteren in der Regel convolutiv — involutiv, die letzteren revolutiv sind. Die vorwiegende involutive Lage der ganzen und
besonders die eigenartige Anordnung der geteilten Blätter verleiht den Blattknospen der Cynareen vielfach ein eigenartiges
Gepräge, und man kann diesen Verhältnissen vielleicht einen
gewissen charakteristischen Wert zuerkennen.

12. Tubuliflorae Mutisieae.

Die Griffelschenkel hängen' spitz, lappig über das oberste stark verdickte, mit starken Fegehaaren versehene Griffelende herunter. Die Köpfchen sind homogam oder heterogam, die Randblüten, wenn vorhanden, zungenformig. — Es sind meist Kräuter, aber auch Bäume und Sträucher mit vorwiegend spiraliger Blattstellung.

Untersucht wurden:

Mutisieae-Gerberinae.

    Gerbera bellidiastrum Mchx. — (Anandria Bunge.) — Anandria Cav. — nivea L. (?)

    Barnadesia grandiflora L. — speciosa L.

Mutisieae-Nassauviinae.

    Moscharia pinnatifida Pav.

Auch in dieser Gruppe herrscht bezüglich der Knospenlage nur zwischen Gerbera und Moscharia Übereinstimmung, während Barnadesia sich entgegengesetzt verhält. Die beiden ersteren Gattungen repräsentieren den Senecioneentypus durch schon sehr früh auftretende Rückwärtsbiegung, die dann in höheren Stadien hie und da auch zur Rückrollung führt.[1]) Wegen der grundständigen Blätter entspricht Gerbera in ihren Knospenverhältnissen deshalb noch mehr Adenostyles.[2])

Die Knospenlage von Barnadesia stimmt völlig mit der für Tarchonanthus[3]) geschilderten überein.

13. Liguliflorae Cichorieae.

Der Griffel ist der der Vernonieen, die Kronen aller Blüten sind zungenförmig; dies, sowie das fast ausnahmslose Vorhandensein von Milchsaft trennt die Cichor. von allen anderen Compositen. Die meisten Vertreter sind Kräuter mit alternierenden oder wurzelst. Blättern.

    Scolymus maculatus L.[4]) — hispanicus L.

    Catanauche lutea L. — caespitosa Desf.

    Cichorium Intybus L. — Endivia (Willd?) L.

    Phalacroseris stellata Willd.

    Arnoseris pusilla Gärtn. — minima L. K.

    Hyoseris foetida L.

[1]) De Candolle u. Rosenthal stellen Gerbera bellidiastrum zu Tussilago.
[2]) Vergl. pag. 20.
[3]) Vergl. pag. 25 u. 26.
[4]) Die Reihenfolge der untersuchten Pfl. entspricht der von Benth. und Hooker.

Tolpis barbata Gärtn. — altissima Pers.
Lampsana communis L.
Picris hieracioides L. — echioides L. — pauciflora Willd.
Rhagadiolus stellatus Willd.
Zacintha verrucosa Gaertn.
Crepis foetida D. C. — taraxacifolia Thuill. — biennis
  L. — paludosa Mönch. — grandiflora Tausch. —
  tectorum L. — mollis Aschs. — pulchra L. — setosa
  Hall. fil. — virens Vill. — praemorsa Tausch. —
  alpestris Tausch. — succisifolia Tausch. — sibirica L.
  — hyoseridifolia Rchbch. — jemtlandica Gaertn. — in-
  tybacea Brot. — Dioscorides D. C. — Candollei Spreng.
Hieracium Auricula L. — cernuum Fr. — fasciculatum
  Pursh. — andryaloides Vill. — gymnocephalum Willd.
  — stygium Uechtr. — balkanum Uechtr. — glaciale
  Rgl. — bupleurifolium Spreng. — vulgatum Fr. —
  hirsutum Tausch. — subramosum L. — umbellatum
  L. — boreale Fr. — juranum Fr. — aurantiacum L.
  — punctulatum Mnch. — Tatrae D. C.? — Weslöbi Spr.
  — longifolium L. — pratense Tausch. — murorum L.
  — Pilosella L. — Jankae Spreng. — praealtum Vill. —
  albidum Vill. — stoloniflorum Wimm. — cernuum Fr.
  — iseranum Uechtr. — floribundum Wimm. — cinereum
  Tausch. — cymosum L. — villosum L. — alpinum L.
  — sudeticum Sternb. — pedunculare Tausch. — caesium
  Fr. — canecsens Schleich. — amplexicaule L. — pre-
  nanthoides Vill. — striatum Tausch. — silvestre Tausch.
Hypochoeris radicata L. — glabra L. — maculata L. —
  helvetica Jacq. — parviflorus Spreng.
Leontodon pyrenaicus L. — autumnalis L. — hispidus
  L. — hastilis L. — pratensis Koch.
Taraxacum officinale Web. — genuinum Koch. — pa-
  lustre D. C.
Chondrilla juncea L. — prenanthoides D. C.
Lactuca muralis Less. — perennis L. — viminea Presl.
  — Scariola L. — oleifera Cass. — virosa L. — sa-
  gittata Wesk. — Drejeana Thunb. — sativa L.
Mulgedium Plumieri D. C. — alpinum Cass.
Picridium vulgare L.
Prenanthes purpurea L.
Sonchus triangularis Wallr. — oleraceus L. — arvensis
  L. — uliginosus Bieb. — vulgaris L. — virens L. —
  asper Wulf et. All. — maculatus L.

Tragopogon pratensis L. — major Jacq. — officinalis
L. — floccosus W. et. K. — brevirostris Boiss. —
parviflorus L. — orientalis L. — eriospermus Cav. (?)
— laciniatus L.

Scorzonera hispanica L. — humilis L.

Die Anzahl der untersuchten Gattungen lässt es erwünscht
erscheinen, dieselben im Interesse besserer Uebersicht in der
vorstehenden Reihenfolge zunächst kurz zu besprechen und
auf ihr regelmässiges bezw. unregelmässiges Verhalten in der
Kn. zu prüfen.

Scolymus. Die Blätter beider Arten sind in der Kn.
einwärts gebogen, hin und wieder etwas eingerollt. Auf einem
Querschnitt befinden sich deren nur sehr wenige.

Catananche. Die grundständigen Bl. (1—3 vor der
Blüte) sind in den Kn. involutiv.

Cichorium. Sehr ähnlich Scolymus, aber mit stärkerer
Einbiegung. Die Deckung von Cich. End. ist äusserst gering;
z. B. auf älteren Querschn. deckt Blatt 5 nur 3 und 2, aber
nicht mehr 1 und 4.

Phalacroseris, Arnoseris und Hyoseris ganz wie
Crepis (vergl. diese).

Tolpis barbata. Hier findet ähnliches statt wie bei den
Helenieen. Die Blätter sind sehr früh gerade aufgerichtet und
an den Rändern eingebogen (vergl. Fig 15).

Lampsana communis. Wie Scolymus. Einrollung wurde
häufiger beobachtet, ist aber nicht constant.

Picris. Die untersuchten Arten stimmen, abgesehen von
den Schwankungen in der Deckung, die von der Blattbreite
und Behaarung abhängigen, in der Knl. überein und verhalten
sich ebenfalls wie Crepis.

Rhagadiolus und Zacintha wie Crepis.

Crepis. Sämtliche Arten stimmen überein. Die jüngeren
Blätter biegen ihre Ränder sehr früh nach innen, ohne in sich
selbst zu rollen oder sich von einander zu isolieren. Dadurch
entsteht eine meist sehr lockere Knospe (Fig. 26). In den
ältesten Stadien umfasst das älteste Blatt meist alle inneren
selten aber ganz, oder gar sich selbst mit der einen Hälfte.
Durch starke Berippung erhält das Bild oft noch ein charakteristisches Aussehen.

Hieracium. Alle Arten stimmen im wesentlichen mit
dem für Crepis Gesagten überein. Die Deckung erreicht jedoch
meist grössere Dimensionen; auch ist die lockere Knospenlage
vorherrschend, aber weniger infolge der Krümmungsverhältnisse.

als infolge sehr regelmässiger, starker Behaarung. (Vergl. die Abbildungen von O. Hoffmann[1]), die gezähnte Form, fadenförmige Zotte, Fig. 56 A a, daselbst wurde bei allen Arten beobachtet.)

Hypochoeris. Die Biegung der Spreiten ist hier hauptsächlich auf die Verbindungsstellen derselben mit den Blattrippen beschränkt und tritt auch erst später ein. Zunächst pflegen die beiden Blatthälften ziemlich in einer Ebene zu liegen, die Knl. ist durch starke Behaarung ebenfalls meist locker. Jedes Blatt deckt in mittleren Stadien mit seinen Spreitenhälften je eines der zwei jüngeren. Die älteren zeigen hin und wieder das Bestreben, wie z. B. bei Calendula, sich gegeneinander zu legen.

Leontodon, ganz analog Scolymus.

Taraxacum desgl.

Chondrilla, ebenfalls sehr verwandt mit Scolymus, aber meist stark deckend.

Lactuca. Diese 9 Arten müssen in zwei Gruppen geteilt werden, da ihre Knl. verschieden und unregelmässig ist.

Den bisherigen Fällen kommen am nächsten: Lactuca muralis, viminea, perennis, Scariola. Bei ihnen gilt dasselbe, wie bei Chondrilla resp. Scolymus. Bei Lactuca oleifera und virosa liegen die Blätter auf den Querschnitten ursprünglich ziemlich peripherisch. In älteren Stadien beginnen ihre Ränder dann schon in die Kn. zurückzubiegen. Junge Schnitte entsprechen den obigen Arten. Ähnlich ist es bei L. sagittata, welche sonst an die bei Hypochoeris erwähnten Verhältnisse erinnert. Lactuca Drejeana hat eigentümliche Lage der älteren Blätter. Meist liegt das drittälteste flach gegen das älteste und das vierte ebenso gegen das zweite; bald treten noch andere Unregelmässigkeiten auf. Hier findet aber schon, wie auch bei Lact. sativa und Mulgedium Plumieri sehr früh Rückbiegung und Faltung der jugendlichen Spreiten statt. — Im Gegensatz zu allen bisher besprochenen Gruppen sind die Fiedern resp. Blattlappen von Lact. perennis und muralis, die unteren von L. Scariola, sowie die starken Zähne von L. virosa in der Kn. abwärts gebogen.

Mulgedium Plumieri ist wie Lact. sativa.

Picridium vulgare verhält sich wie Hypochoeris.

Prenanthes purpurea analog Scolymus.

---

[1]) Vergl. Natürl. Pfl.-Fam. Th. IV 5, pag. 90.

Sonchus. Alle Arten sind durch früh auftretendes revolutives Wachstum ausgezeichnet. Durch äusserst stark hervortretende Mittelrippen weicht das Querschnittsbild von dem ihm sonst am nächsten stehenden der Senecioneen ab; dieser Unterschied wird noch durch dieselbe Erscheinung wie bei Lactuca verstärkt, dass auch hier die Fiederteile und Blattzähne in der Kn. nach unten gebogen sind. Ausserdem ist es ausser bei Sonchus uliginosus meist schwer, Knospen ohne Blütenanlage zu finden.

Tragopogon. Sämtliche Arten stimmen unter sich und mit denen der Astereen überein. Die Deckung übertrifft häufig die der letzteren noch, ist aber in verschiedenen Altersstadien sehr constant. Die Knospenlage ist meist, trotz der fast ganz fehlenden Behaarung lockerer als die der Astereen. (Fig. 4.) Dementsprechend verhält sich die Deckung. Einrollung tritt oft auf und wurde am häufigsten bei Tr. pratensis. am seltensten bei Tr. floccosus beobachtet.

Scorzonera hispanica kann am besten mit schwach deckenden Astereen verglichen werden und vertritt mit Madia sativa (Heliantheae) die niedrigste Stufe von Deckung in dem hier angewandten Sinne. Die Spreiten sind wenig nach innen gebogen.

Aus dieser Zusammenstellung folgt also, dass transversale Hyponastie bei dieser Grupqe die regelmässige Wachstumsrichtung der Blattränder bedingt; von dieser Regel weichen nur zwei Gattungen, Lactuca und Sonchus, ab.

Für die somit als normal zu betrachtenden anderen Gattungen lässt sich eine charakteristische Knl. nicht aufstellen. Man könnte sie jedoch nach ihren Deckungsverhältnissen vielleicht in folgender Weise gruppieren:

1. Ohne eigentliche Deckung. entsprechend dem Helenieentypus: Tolpis barbata.

2. Mit verschiedenartiger aber meist nur geringer Deckung: Catananche, Scolymus, Hypochoeris, Leontodon, Taraxacum, Lactuca (muralis, viminea, perennis, Scariola), Picridium, Prenanthes, Scorzonera, Lampsana und Chondrilla.

3. Besonders durch lockere Knl. und gewisse constante Lage und Deckung der Blätter sind ausgezeichnet: Cichorium, Crepis, Zacintha, Picris, Hieracium, Phalacroseris, Arnoseris, Hyoseris, Tragapogon. Die Anordnung resp. Reihenfolge entspricht der steigenden Deckung, die in den Vertretern von Tragopogon ein die Astereen überbietendes Maximum erreicht.

Für Sonchus und die Arten von Lactuca mit revolutiver Knl. lässt sich, wie bei Lactuca schon erwähnt, die Abwärtsbiegung der Blattlappen und Fiedern, wo solche vorhanden, als ein specifisches Merkmal anführen. Sonstige einheitliche Charakterzüge bezüglich ihrer Knl. fehlen diesen beiden Gattungen; besonders der in ihren Arten sehr verschiedenen Gattung Lactuca.

B. Familie: Campanulaceae incl. Lobeliaceae.

Beide Gruppen wurden, früher als gesonderte Familien betrachtet, zuerst von Bentham und Hooker,[1] als Campanulaceen zusammengestellt und diese Familie dann in Campanuleae und Lobelieae eingeteilt. Diese Gruppierung behält auch Schönland[2] bei und teilt die ersten wiederum ein in:

I. Campanuloideae.
1. Campanuleae-Campanulinae.
    a) Campanulinae,
    b) Wahlenbergiinae,
    c) Platycodinae.
2. Campanuleae-Pentaphragmeae.
3. Campanuleae-Sphenocleae.

Diesen als Campanuloideae zusammengefassten Untergruppen lässt Schönland die Gruppe der

II. Cyphioideae und diesen alsdann die
III. Lobelioideae folgen.

Diese Einteilung wurde hier innegehalten.

I. Campanuloideae Schönl.

Die Blüten der Campanuloideen sind zum Unterschiede von den Cyphioideen und Lobelioideen aktinomorph. Die Antheren sind meist frei, dies unterscheidet sie besonders von den letzteren. Die meisten Vertreter sind krautig; Sträucher und Halbsträucher sind selten.

Untersucht wurden:

Campanuleae-Campanulinae.
  Michauxia campanuloides l'Hér.
  Canarina Campanula L.

---

[1] Vergl. Benth. et. Hook. Genera plantarum II. 1. pag. 540 ff.
[2] Vergl. S. Schönland. Campanulaceae in natürlich. Pflanzenfam. Engl. Prantl. IV. 5. pag. 48.

Symphyandra pendula (M. B.) D. C.? — Hoffmannii Endl.

Phyteuma canescens W. et. K. — Michelii All. — orbiculare L. — spicatum L. — Scheuchzeri All. — limonifolium Sibth.

Trachelium coeruleum L.

Specularia Speculum A. D. C. — hybrida L.

Adenophora stylosa Fisch.

Musschia Wollastoni All.

Campanula rotundifolia L. — glomerata L. — Baumgartenii Uechtr. — tyrolensis L. — Vidalii Wats. — karpathica Jacq. — pusilla H. K. — latifolia L. — lamiifolia Bieb. — Trachelium L. — persicifolia L. — Grossekii Heuff. — canescens Wall. — Rapunculus L. — rapunculoides L. — thyrsoidea L. — Portenschlagiana K. S. — Hostii Baumg. — pyramidalis L. — latifolia L. — bononiensis L. — sibirica L. — altaica Jacq. — Cervicaria L. — Medium Tom. — nobilis Lindl. — barbata L. — carpathica Jacq. — Scheuchzeri Vill. — patula L.

Campanuleae-Wahlenbergiinae.

Hedraeanthus dalmaticus Baumg. (?)

Jasione montana L. — perennis Lam.

Campanuleae-Platycodinae.

Platycodon grandiflorum Jacq.

Diese 12 untersuchten Gattungen mit 49 Arten zeigen unter sich eine weit grössere Übereinstimmung, als ähnlich zahlreich vertretene Gruppen der Compositen.

Bei der Blattentwicklung tritt nur involutives Wachstum auf, das nur in einzelnen Fällen, z. B. bei Camp. carpathica, barbata, lamiifolia, Phyteuma orbiculare und Symphyandra Hoffmannii sich bis zur Einrollung steigert, ohne dass aber diese Erscheinung sich hier sehr constant erweist. Sie ist nur an älteren, der Entfaltung nahen Blättern zu beobachten. In gewissen Altersstadien sind aber sowohl die genannten Formen, als auch alle anderen Arten in der Knospe vollkommen übereinstimmend und bringen sogar eine gewisse charakteristische Lagerung ihrer jüngeren Blätter zum Ausdruck. Die meisten Arten erfahren bei fortschreitender Entwicklung eine stetige Reduktion ihrer Blattgrösse bis dicht unter die Blüten. Dementsprechend sind die Knospenquerschnitte an älteren und jüngeren Trieben nie ganz gleich, und man muss, um vergleichbare Präparate zu erhalten, deshalb womöglich ganz junge oder möglichst gleich weit entwickelte Sprosse zur Untersuchung verwenden. Bezüglich der Anordnung und Deckung der Knbl. stehen ihnen unter den Compositen die Cichorieen mit Tragopogon oder die Astereen und unter diesen die Gattung Solidago am nächsten; doch läst die Abbildung (Fig. 8) beim Vergleich mit dem für die genannten Gattungen charakteristischen Bilde leicht einen Unterschied erkennen. Derselbe ist hauptsächlich auf die stets innige Aneinanderlagerung der Blätter, die fast ganz fehlenden Zwischenräume und die abgerundeten Formen, die das ganze Bild zur Schau trägt, zurückzuführen. Durch die fast ausnahmslose Übereinstimmung aller untersuchten Campanulaceen erhält dieses Bild noch ein ganz besonderes Gepräge. Auch in den verschiedenen Höhenstadien der Knospen treten fast durchgehend die gleichen Veränderungen auf, und erst kurz vor der Entfaltung macht sich die Verschiedenartigkeit der Blattform und Behaarung auf den Querschnittsbildern geltend. Der Behaarung scheint hierbei der grössere Einfluss zuzuschreiben zu sein; denn die breiten, ziemlich stark behaarten Blätter von Camp. lamiifolia, Cervicaria oder C. nobilis zeigen kaum annähernd die gleiche Deckungsstärke, wie die schmalblättrigen Camp. persicifolia, rotundifolia und besonders Michauxia campanuloides mit linearen Blättern. Diese sehr erklärlichen Verhältnisse stimmen auch mit den Beobachtungen an entsprechenden behaarten resp. unbehaarten Arten von Erigeron bezw. Solidago überein.

Somit genügt diese Familie vollkommen den in der Einleitung ausgesprochenen Erwartungen und übertrifft dieselben noch insofern, als dieselben auch für die Fälle Bestätigung finden, wo der einheitliche Habitus ziemlich zurücktritt, was z. B. für Camp. rotundifolia einerseits und Musschia Wollastoni andererseits gilt.

II. Lobelioideae.

Die Blüten der Lobelioideen sind im Gegensatz zu denen der Campanuloideen zygomorph und besonders noch durch verwachsene Antheren gekennzeichnet.

Von dieser, 21 Gattungen zählenden, Gruppe resp. Familie, welche Kräuter, Sträucher oder Bäume, meist mit Milchsaft enthält, konnten leider nur:

4*

Lobelia Erinus L. — patens Willd. — fulgens Willd. — syphylitica L. — senecioides Sims. — inflata L. — urens L.

Tupa Feuillei Jacq. — crassicaulis Sims?

Siphocampylus carneus (canus L.?) — coccineus (Bieb.?) — bicolor L.

untersucht werden.

Die Gattung Lobelia schliesst sich bezüglich ihrer Knospenlage direkt an die Campanuloideen an und zeigt keine bemerkbare Abweichung von derselben, wie ja auch der äussere Habitus sehr mit dem von Campanula übereinstimmt.

Auch Tupa Feuillei und T. crassicaulis entsprechen den Eigentümlichkeiten der Campanuloideen-Knospenlage besonders in jüngeren Stadien völlig. In späteren Schnitten tragen die ziemlich stark hervortretenden Blattnerven etwas zur Abweichung davon bei. — Siphocampylus coccineus, bei welchem die Mittelrippe schon in den frühsten Stadien sehr stark hervortritt und auf älteren Schnitten ein sehr lockeres Bild erscheinen lässt, zeigt diese Verhältnisse in erhöhtem Mase. Der eigentliche Grundtypus entspricht aber trotzdem, abgesehen von diesen sekundären Erscheinungen, dem der Campanuloideen ebenfalls noch.

Eine ganz eigenartige Ausnahme stellt Siphoc. carneus, gewissermassen übereinstimmend mit Gaillardia unter den Helenieen, dar. — Hier dürfte man wohl berechtigt sein, auch im ganz allgemeinsten Sinne von sehr abnormen Knospenverhältnissen zu sprechen. — Eine Deckung im eigentlichen Sinne findet überhaupt nicht statt, da jede Blattspreite sich sofort stark einwärts biegt. Dadurch üben die jungen Blätter, welche an einem sehr breiten und flachen Vegetationskegel entstehen, auf einander einen Druck aus, der zur Folge hat, dass sie sich mit ihren Blattstielen resp. Mittelrippen ziemlich parallel zu einander stellen und ohne Abhängigkeit von einander fast senkrecht in die Höhe wachsen. Die tiefsten Schnitte entsprechen deshalb, wie schon angedeutet, im Prinzip denen von Gaillardia. Sie zeigen stets ein von Blattgebilden freies, also leeres Zentrum. Gerade umgekehrt wie bei Gaillardia schliessen dann die ältesten Blätter durch festes Aneinanderlegen mit ihren ebenfalls noch stark nach innen gebogenen Spreiten die Knospen nach aussen und oben ab. — Die äusserst früh und stark hervortretenden Mittelrippen verleihen auch diesem Bilde noch eine ganz besondere Charakteristik.

Auch die eigenartig verzweigten, oft gabelförmigen, mehrzelligen Haargebilde tragen wesentlich dazu bei, die Knospen von Siphoc. carneus leicht von allen anderen in dieser Arbeit besprochenen Knospenbildern unterscheiden zu können.

Abgesehen von dieser merkwürdigen Art (Siph. carneus) ist die Knospenlage der Lobelioideen im Wesentlichen übereinstimmend und entspricht ebenfalls den durch die Campanulaceen bereits in noch höherem Masse bestätigten Erwartungen.

4. Resultate des speciellen Teiles.

Wenn auch die Zahl der beschriebenen Gattungen und Arten im Verhältnis zur Gesamtzahl der Vertreter der beiden untersuchten Familien eine recht geringe ist und allgemein gültige Schlüsse nicht gestattet, so dürften doch die besonders in den zahlreicher vertretenen Gruppen erzielten Resultate einige Beachtung verdienen. Dies ist umsomehr der Fall, als sich bei den Compositen für die angeführten Vernonieen, Eupatorieen, Astereen, Inuleen, Heliantheen, Helenieen, Senecioneen, Calenduleen, sowie bei einzelnen Cynareen und Cichorieen in irgend einer Beziehung, bald mehr bald weniger von einer charakteristischen Knl. der Laubblätter sprechen lässt. Bei einigen Gruppen kann dieselbe in den angeführten Fällen sogar als Unterscheidungsmerkmal dienen.

Es erscheint deshalb erwünscht, an dieser Stelle nochmals kurz die im speciellen Teil gemachten Beobachtungen zusammenzufassen und auf die interessanteren Befunde hinzuweisen.

Nahe Beziehungen zeigen hinsichtlich der Knospenlage die Vernonieen[1]) und Senecioneen[2]), da bei ihnen die revolutive Knl. die herrschende ist. Die untersuchten Vernonieen weichen jedoch insofern von den letzteren ab, als die Rückbiegung der Blatthälften sehr regelmässig auftritt und fast nie zu rückseitiger Einrollung oder Deckung, wie bei vielen Senecioneen führt. Der Grad der Rückbiegung entspricht an höheren Schnitten im Durchschnitt der in Fig. 18 durch die innersten 4 Blätter angedeuteten. Dieselben Verhältnisse begegneten uns bei Actinomeris (Heliantheae). Den durch stärkere Rollung und zum Teil durch rückseitige Deckung oder Faltung

---

[1]) Vergl. pag. 18 des spec. Teiles.
[2]) Vergl. ebenda pag. 37 ff.

der Blatthälften (Petasites, Tussilago, Homogyne) ausgezeich-
neten Senecioneen (ausgenommen Arnica und Doronicum) stehen
unter den übrigen Gruppen am nächsten die Gattungen:
Adenostyles, Ophryosporus (Eupatorieae), Carpesium cernuum L.
(Inuleae) Lindheimera, Xanthium, Leptocarpha (Heliantheae);
Ursinia, Gazania (Arctotideae); Saussurea alpina, Xeranthemum
annuum, Cousinia hystrix, Jurinea albata, Carduus cernuus,
Centaurea solstitialis und die meisten Arten der Cynareae mit
gefiederten Blättern; Gerbera, Moscharia (Mutisieae); Lactuca,
Mulgedium und Sonchus (Cichorieae).

Die Eupatorieen[1]) sind mit Ausnahme der oben
erwähnten Gattungen Adenostyles und Ophryosporus, sowie
Liatris und Stevia purpurea auf Grund ihrer Knl. mit den
Heliantheen[2]) und zwar speciell mit den unter a 2 und b
beschriebenen Vertretern derselben verwandt. Die Knl. dieser
Gattungen und Arten ist dachförmig (Fig. 10) mit Neigung
zu flacher Deckung (Fig. 10a) und noch besonders dadurch
charakterisiert, dass die Rückbiegung der Spreitenränder erst
secundär auftritt. — Die unter a 1 angeführten Heliantheen
(pag 29) sind durch wechselseitige Deckung und fehlende revolutive
Wachstumserscheinungen während des Knospenzustandes ausgezeichnet (Fig. 9). Mit ihnen stimmen die Gattungen Lasthenia,
Tagetes und Bahia ambrosioides (Helenieae), sowie besonders
Arnica (Senecioneae) überein. Die unter c beschriebenen Heliantheen dürfen infolge ihrer wenig einheitlichen Knl. hier un-
berücksichtigt bleiben.

Die zwischen den letztbesprochenen Gruppen stehenden
Astereen[3]) und Inuleen[4]) zeigen neben der bei beiden herrschenden convolutiven — involutiven Knl. doch wesentliche Unterschiede
der Knospenbilder, die zum Teil auf die starke Behaarung der
Inuleen zurückzuführen sind (Fig. 3, 4, 7 — bezw. 5 und 6).
Die Knl. der Astereen kehrt in allen Gruppen mehr oder
weniger häufig wieder, und es würde zu weit führen, diese
Fälle der einfachsten und häufigsten Knl. hier zusammenzu-
stellen. — Dasselbe gilt für die Anthemideen[5]), denen, abgesehen von den Senecioneen, den meisten Cynareen, sowie
von Lactuca und Sonchus (Cichorieen) die untersuchten Compositen mit geteilten Blättern entsprechen (Fig. 21).

---

[1]) Vergl. pag. 19 und 20.
[2]) Vergl. pag. 27 ff.
[3]) Vergl. pag. 20 ff.
[4]) Vergl. pag. 24 ff.
[5]) Vergl. pag. 34 ff.

Die Helenieen[1]), mit Ausnahme der bereits erwähnten
Vertreter, sowie Tolpis barbata (Cichorieae) sind durch die
unregelmässige Anordnung und Deckung der Blätter auf den
Querschnittsbildern ausgezeichnet (Fig. 15—17).

Für die wenigen untersuchten Arten der Calenduleen[2])
ist die durch Fig. 23 dargestellte Knl. typisch.

Die 4 beschriebenen Gattungen der Arctotideen[3]) zeigen
zweierlei Knospenlage. Ursinia und Gazania sind revolutiv
und erinnern am meisten an Adenostyles; Arctotis und Haplocarpha entsprechen am meisten den einfachen Verhältnissen
der Astereen.

Die Cynareen[4]) verhalten sich hinsichtlich ihrer Knl.
sehr verschieden. Wenn auch speciell die gefiederten und zer-
teilten Blätter eigenartige Querschnittsbilder gewähren, so
kann man aus der Anzahl der untersuchten Arten doch kein
allgemeines Urteil gewinnen, zumal bei den Cynareen mit
ganzen Blättern die revolutive und bei denen mit geteilten
Blättern die involutive Knl. als Ausnahme zu betrachten ist.

Zwei Gattungen der Mutisieen[5]) sind revolutiv, Gerbera
und Moscharia, und stehen den Senecionen am nächsten,
während die dritte, Barnadesia, sehr nahe Beziehung zu den
Inuleen zeigt.

Die Cichorieen[6]) verhalten sich insofern noch regelmässiger, als nur bei 3 Gattungen revolutive Knl. beobachtet
wurde. Dies sind: Mulgedium und Sonchus und bedingungs-
weise Lactuca. Für die beiden letzten Gattungen kann die
Abwärtsbiegung der Blattlappen und Blattzähne als charakteristisch angesehen werden. — Die übrigen Gattungen zeigen
wenig auffällige Verschiedenheiten und weichen nur in den
Deckungverhältnissen von einander ab. Tolpis barbata, welche
eine den Helenieen sehr ähnliche Knl. zeigt, sei deshalb noch
besonders erwähnt.

Die zweite Familie der Campanulaceen[7]) zeigt im
grossen und ganzen sehr grosse Übereinstimmung in der Knl.
der Laubblätter, die mehr oder weniger den in Fig. 8 wieder-
gegebenen Verhältnissen entsprechen.

---

[1]) Vergl. pag. 32 ff.
[2]) Vergl. pag. 40.
[3]) Vergl. pag. 40 u. 41.
[4]) Vergl. pag. 41 ff.
[5]) Vergl. pag. 44.
[6]) Vergl. pag. 44 ff.
[7]) Vergl. pag. 49 ff.

Aus dieser kurzen Zusammenstellung folgt, dass die Compositen im allgemeinen hinsichtlich der Knl. ihrer Laubblätter sehr von einander abweichen, und dass sowohl die Lage der Blätter zu einander, die Foliatio, als auch die Anordnung des einzelnen Blattes, die Vernatio, und dessen resp. Teile die verschiedensten Möglichkeiten zur Schau tragen. Andererseits aber gestatten auch die gemachten Beobachtungen den Schluss, dass die Knl. und deren mehrfach gefundene Übereinstimmung innerhalb mehrerer Gruppen oder Untergruppen auch in dieser grössten Familie der Phanerogamen. von systematischer Bedeutung ist, und dass dieselbe auch hier sehr wohl bei der Einteilung und systematischen Bearbeitung der Familie in Betracht gezogen zu werden verdient. Dies sollte umsomehr der Fall sein, als gerade die Einteilung der Compositen, allein auf Grund ihrer oft recht schwer zu unterscheidenden und schwach ausgeprägten Blütenverhältnisse kein vollkommen befriedigendes Resultat zu geben vermag. Verfasser ist nach seinen Untersuchungen der Ansicht, dass die Knl. bei weiteren Studien und Vergleichen derselben die Diagnose zahlreicher Gattungen und einzelner Gruppen wesentlich erleichtern und unterstützen kann und auch über natürliche verwandtschaftliche Beziehungen zwischen verschiedenen Gruppen und Untergruppen sowie über Zugehörigkeit einzelner Gattungen zu anderen Gruppen Aufschluss geben wird.

5. Beziehungen der Knospenlage zur Gestalt des Blattes und zu biologischen Verhältnissen.

Dieses Kapitel stellt gewissermassen den zweiten Teil der Aufgabe dar, nachdem die systematische Frage im vorhergehenden Teile ihre Erledigung gefunden hat. — Ausser der Blattgestalt verdienen noch die von Diez[1]) bereits besprochenen Faktoren hier Erwähnung. Es sind: Struktur der Blätter, Stellung derselben, Berippung oder Nervatur und Behaarung.

Die von Diez[2]) ebenfalls in Betracht gezogenen anatomischen Verhältnisse bedürfen hier wohl keiner besonderen Erörterung, da einerseits zu deren Begründung ganz specielle und feine Beobachtungen erforderlich wären und andererseits ein Einfluss derselben auf die Knospenlage schon insofern nicht sehr wahrscheinlich ist, als dieselbe Spreite oft beiderlei Wachstumsarten, sowohl hyponastische als epinastische, durchzumachen hat.

Hier handelt es sich zunächst um die Blattgestalt und deren Beziehungen zur Knospenlage.

Mit dieser Frage werden wir am schnellsten zum Ziele kommen, wenn wir erst sehen, ob nach den im speciellen Teil gemachten Erfahrungen bei ähnlicher Knl. auch ähnliche Blattform Regel ist, oder ob in ihrer Form ähnliche Blätter in der Knospe vorwiegend dieselbe Lagerung anstreben.

Ein Rückblick auf die untersuchten circa 500 Arten zeigt uns, dass beispielsweise die typische Knl. der Senecioneen von Arten mit äusserst verschiedenen Blättern geteilt wird. Es seien in folgendem einige augenfällige Beispiele zusammengestellt:

---

[1]) Vergl. Diez Flora 1887.
[2]) Vergl. ebenda pag. 577. (Schlafstellung.)

Senecio vulgaris, Blätter gefiedert, stengelumfassend;

„ viscosus, Bl. ebenso, halbumfassend;

„ aethnensis, Bl. länglich oval, gezähnt;

„ aquaticus, Bl. langgesielt, stumpf;

„ sarracenicus, Bl. sitzend, lang-lanzettlich;

Cineraria maritima, Bl. lang gestielt, stumpf;

Gynura aurantiaca, Bl. kurz gestielt, oval-spitz;

ferner einige andere Formen mit gleicher Knospenlage:

Eupatorium cannabinum, kurz gestielt, 3teilig, lang-lanzettl.;

„ sessilifolium, sitzend, ei-lanzettlich;

Helianthus annuus, eiförmig-spitz, gross, gestielt;

„ Maximiliani, sitzend, länglich-lanzettlich;

endlich noch als dritter Fall:

Aster formosissimus, gestielt, spitz, herzförmig;

Solidago arguta, sitzend, länglich-lanzettlich;

Tragopogon spec., lineal, sitzend, grundst.

Diese wenigen Beispiele genügen, um zu zeigen, dass die verschiedensten Blattgestalten gleiche Knl. haben können. — Die umgekehrte Frage, ob gleiche Blätter meist dieselbe Knl. teilen, kann insofern eine bejahende Antwort erhalten, als auch dieselbe Blattform in einer Gruppe resp. Familie häufig wiederkehrt oder auch deren Habitus charakterisiren kann. Ich erinnere an die Campanulaceen, deren meiste Vertreter man schon nach ihren Blättern als solche diagnosticiren kann. — Ebenso z. B. hat Actinomeris schon sehr ähnliche Blätter, wie die bez. der Knl. verwandten Vernonieen. Auch die Gattung Solidago hat bei gleichen Blättern gleiche Knl., fernen stimmen auch viele Gramineen mit den grasähnlichen Arten von Tragopogon im Prinzip überein.

Doch diese Beispiele können die Thatsache nicht in Frage stellen, dass auch eine derartige Beziehung zwischen Blattform und Blattlage im allgemeinen Sinne nicht besteht. Als ein Beispiel brauche ich wohl nur die schon erwähnten Vernonieen der Gattung Solidago gegenüberzustellen.

Einen Fall aber möchte ich doch zu Gunsten der gestellten Frage erwähnen.

So weit meine Beobachtungen reichen, und es ist auch wahrscheinlich, kann man für sitzende Blätter, deren basale, scheidenartige Verbreiterung eine scheinbar am Stiel herablaufende Spreite darstellt, annehmen, dass sie in den Knospen convolutiv oder mindestens nicht revolutiv sind. Hierfür spricht schon die theoretische Vorstellung, dass es nicht anzunehmen ist, der obere Teil eines Blattes sei anders gelagert als der untere, wenn man die Identificierung von Spreite und Scheide für diesen concreten Fall, wo beide nicht scharf von einander abgegrenzt sind, gelten lassen will.

Auf Grund dieser Zusammenstellungen und Vergleiche ist man wohl berechtigt den Schluss zu ziehen, dass die Knospenlage nicht von der Blattgestalt abhängig ist.

Die Beziehungen der Blatt-Consistenz zur Knl. lassen sich kurz durch einige Beispiele erläutern.

1) Bei Blättern von verschiedener Consistenz gleiche Knl.:
Inula media, Bl. dünn, weichhaarig;
Tarchonanthus camphoratus, Bl. dick, spröde;
Crassocephalum aurant., Bl. fleischig, dick;
Cineraria maritima, Bl. weich, dünn.

2) Verschiedene Knl. bei Blättern gleicher oder ähnlicher Consistenz.

Die Schwankungen der Blattconsistenz sind innerhalb der Familie der Compositen nicht so häufig oder auffällig, dass man leicht treffende Vergleiche ziehen kann. Als ganz günstiges Vergleichsobjekt könnte man z. B. Tarchonanthus der Gattung Inula oder Musschia den übrigen Campanuleen gegenüberstellen. In beiden Fällen handelt es sich um gleiche Knl. bei verschiedener Blattconsistenz. Als umgekehrte Beispiele könnte man ferner noch die in der Knl. völlig verschiedenen Eupatorieen und Astereen oder die Gattung Solidago in Beziehung auf die Vernonieen anführen. Doch es bedarf wohl weiterer Beweise nicht, um glaubhaft zu machen, dass die Blattconsistenz mit der Knl. im allgemeinen nichts zu thun hat.

Wie unabhängig die Knl. von der Blattstellung ist, beweist einerseits schon der gleiche Charakter derselben in der Gattung Helianthus, sowohl bei quirligen, als bei decuss. wie auch bei spiraligen Stellungsverhältnissen.

Dass die Berippung einen Einfluss auf das Knospenquerschnittsbild haben kann, zeigen die Beispiele unter den Inuleen, Helenieen, Cynareen etc. Aber auch auf die Anordnung der Spreite in der Knospe kann sie von Bedeutung sein. Dies beweisen am besten die Gattungen Carduus, Cnicus und Echinops. Auf die Knospenlage im allgemeinen Sinne, ob imbricat., convolut., plan. oder revolutiv, hat sie jedoch ebenso wenig Einfluss, wie die Blattgestalt, Struktur und Stellung;

denn in jeder Gruppe treten stark gerippte Blätter auf, ohne sich durch veränderte Knl. auszuzeichnen.

Dem Querschnittsbild vermag eine ausgeprägte Nervatur somit wohl ein besonderes charakteristisches Gepräge zu verleihen (Inuleae, Cynara etc.), aber die Knospenlage im allgemeinen steht zu ihr in keinem Abhängigkeitsverhältnis.

Für die Frage bezüglich des Einflusses der Behaarung auf die Knl. gilt dasselbe. Auch unter den im speciellen Teil genannten Pflanzen wurde die Behaarung öfter erwähnt, und bei Olearia Haastii, Ol. dentata, einigen Inuleen und Antbemideen, Cynareen und Cichoreen ihr eine gewisse Veränderung des Knospenbildes zuerkannt. Die eigentliche Knl. scheint aber, wie auch Diez[1]) gefunden hat, zur Behaarung in keiner Beziehung zu stehen, selbst systematisch kann man ihr mithin in Bezug auf die Blattknospe jede Bedeutung absprechen; denn man kann bei stark behaarten Pflanzen auch ohne weiteres annehmen, dass auch die jungen Blätter bereits in filzige Massen eingebettet sind. — Auch die als besonderer Knospenschutz zu betrachtenden, in Knospen mancher sonst wenig behaarten Pflanzen vorkommenden filzigen, wolligen oder fadenförmigen Haarmassen sind ohne Wert für die Querschnittsbilder.

Wenn im speciellen Teil auf einige Haarorgane hingewiesen wurde, geschah dies auch nicht, weil sie für die Knospenlage wertvoll schienen, sondern weil sie entweder an und für sich einen gewissen systematischen Wert haben (Hieracium[2]), Siphocampylus carneus[3])) oder bei der Beobachtung besonders ins Auge fallend, für einzelne Pflanzen direkt charakteristisch erschienen.

Vorliegende Arbeit wurde im botanischen Institut der Universität Heidelberg angefertigt und ein grosser Teil der untersuchten Pflanzen dem botanischen Garten daselbst entnommen. Ich erlaube mir an dieser Stelle Herrn Hofrat Pfitzer nochmals meinen Dank für seine gütige Anregung und Unterstützung auszusprechen.

---

[1]) Vergl. Diez Flora 1887 pag. 576.
[2]) Vergl. pag. 47.
[3]) Vergl bag. 53.

6. Figurenerklärung.

Fig. 1—4. Vier aufeinander folgende Deckungsstadien einer Knospe von Aster Amellus L. Dieselben veranschaulichen die zunehmende Deckung[1]).

Fig. 1 u. 2. Foliatio imbricativa, schlechthin deckende Knospenlage genannt[2]) bei spiraliger Blattstellung die einfachste und häufigste Knl. ungeteilter Blätter auf tieferen und mittleren Schnitten; sie bildet den Uebergang zu

Fig. 3 u. 4. Foliatio convolutiva = convolutive Knospenlage. Dieselbe ist besonders ausgeprägt bei den Astereen, Anthemideen mit ganzen Blättern, bei vielen Cynareen, Cichorieen (besonders Tragopogon), und bei den Campanulaceen. — Die imbricativ — convolutive Knl. kann wiederum in verschiedenen Modificationen auftreten, wie sie uns auf Fig. 5—8, 14—17 und 23 begegnen.

Fig. 5 u. 6. Inula Helenium L. und Tarchonanthus camphoratus L. Charakterische Knl. der Inuleen und einiger Cichorieen. Die Krümmung der Spreiten ist vorzugsweise auf die Blattnerven beschränkt; die letzteren treten auf Fig. 6 besonders stark hervor.

Fig. 7. Solidago arguta; foliatio convolutiva, vernatio involutiva; häufig bei einigen Arten von Aster. Erigeron und Solidago, sowie mit stärkerer Einrollung beider Blattränder bei den meisten Cynareen mit ungeteilten Blättern.

Fig. 8. Foliatio convolutiva; ausgezeichnet durch innige Aneinanderlagerung der einander umschliessenden Blätter; typisch für die meisten Campanulaceen.

Fig. 9. Abwechselnd deckende Knl. bei gegenständigen Blättern; typisch für mehrere Gattungen der Heliantheen (pag. 29 a 1) und Arnica.

Fig. 10. Dachförmige, in höheren Stadien flache (Fig. 10a) Knl. gegenständiger Blätter; typisch für die Eupatorieen und zahlreiche Heliantheen mit Wirtelstellung.

Fig. 11. Knl. von Dahlia; entspricht Fig. 9.

Fig. 12. Knl. von Bidens; charakteristisch und unterschieden von Fig. 9 durch die Einrollung der Blattränder.

Fig. 13. Gynura aurantiaca, schwach ausgeprägte vernatio revolutiva; ausgezeichnet durch das Bestreben der Blätter trotz spiraliger Anordnung, sich mit ihren Spreiten flach gegeneinander zu legen, wie es bei einzelnen Heliantheen besonders häufig und charakteristisch ist.

---

[1]) Vergl. Text, pag. 22 u. 23.
„ auch Schleiden, Grundzüge d. wissenschaftl. Bot. II pag. 205 u. 206.
[2]) Vergl. Hofmeister, Grundzüge der wissenschaftl. Bot. II pag. 535.

Fig. 14, Vernat. convol. Doronicum cordifolium L. Knospenquerschnitt mit nur einem stark eingerollten Blatt; typisch für die Gattung.

Fig. 15—17. Gaillardia autumnalis — Helenium Bolanderi; typisch für die meistnn Helenieen und charakteristisch durch die unregelmässige annormale Auordnung der Blätter und die früh auftretende Neigung derselben ihre Ränder nach innen zu biegen.

Fig. 18. Vernatio revolutiva; typisch für die Vernonieen, Actinomeris (Heliantheae), Senecioneen und einzelne Cynareen und Cichoreen.

Fig. 19. Ligularia macrophylla, hoch ausgeprägte Rückrollung, wie sie vereinzelt auftritt.

Fig. 20. Vernatio revolutiva mit Neigung zu rückseitiger Deckung, typisch für Adenostyles, Petasites, Tussilago und Homogyne.

Fig. 21. Tanacetum vulgare. Knospenlage der gefiederten Blätter der Anthemideen.

Fig. 22. Artemisia vulgaris. Knospenquerschnitt eines Blattes kurz vor beginnender Entfaltung.

Fig. 23. Calendula arvensis.

Fig. 24. Cirsium lanceolatum: typisches Querschnittsbild der meisten Cynareen mit geteilten Blättern.

Fig. 25. Serratula quinquefolia.

Fig. 26. Hieracium Tatrae; typische Knospenlage für viele Cichorieen, speciell für die Gattungen Crepis, Picris, Hieracium.

Inhalt.

Vita.

Ich, Franz Reinecke, evangelischer Konfession, wurde am 30. August 1866 in Raatz, Kreis Münsterberg in Schlesien, als Sohn des verstorbenen Amtmanns Karl Reinecke geboren.

Bis zu meinem 16. Jahre erhielt ich Privatunterricht und besuchte von Ostern 1883 bis Ostern 1885 die landwirtschafliche Schule in Brieg; dieselbe verliess ich mit dem Zeugnis der Reife zum einjährig-freiwilligen Militärdienst. Bis October 1886 beschäftigte ich mich mit praktischer Landwirtschaft. Danach studierte ich an der Universität Breslau und an der landwirtschaftlichen Hochschule daselbst und bereitete mich auf das Maturitätsexamen vor. Zur Ablegung desselben wurde ich im Februar 1888 nach Grünberg an das Königl. Realgymnasium zur Anfertigung der schriftlichen Arbeiten überwiesen und bestand daselbst auch die darauf folgende mündliche Prüfung. Ich erhielt das Reifezeugnis, hörte danach an der Universität Breslau bis zum Schluss des Winter-Semesters 1889/90 weiter naturwissenschaftliche und philosphische Vorlesungen und arbeitete praktisch in dem pflanzenphysiologischen Institut bei Herrn Geheimrat Prof. Dr. F. Cohn, sowie im chemisch-physiologischen Institut bei Herrn Professor Dr. Weiske. Vom April 1890 bis Februar 1892 studierte ich an der Universität Heidelberg, woselbst ich die Vorlesungen der Herren: Askenasy, Bütschli, Ernst, Krafft, V. Meyer, Moebius und Pfitzer hörte und praktisch im botanischen Institut bei Herrn Hofrat Pfitzer und im zoologischen bei Herrn Hofrat Bütschli. arbeitete. Ausserdem machte ich im pathologischen Institut einen bakteriologischen Kursus mit.

Den genannten Herren spreche ich an dieser Stelle meinen wärmsten Dank für die durch sie erhaltene Anregung und Ausbildung aus.